滨海核电冷源安全技术丛书

滨海核电浓海水入海监测预测技术手册

战 超 王 庆 孙 岳 李 涛 等 编著

科学出版社

北 京

内 容 简 介

本书针对海水淡化工程浓海水直接入海处置方式,聚焦浓海水受纳海域的海水盐度、盐升程度与时空分布预测、监测技术规范,以我国海水淡化产业发达的胶东半岛南部丁字湾作为目标海域,分析了浓海水受纳海域的海水盐度升高机理,首次提出以 3.0psu 盐升作为我国海岸海洋生态系统耐受盐升的上限值,并对浓海水入海用海管理和生态环境管理相关问题进行了深入探讨。在此基础上,构建了浓海水入海监测预测方法技术体系,对浓海水监测预测主要方法技术应用进行了系统规范,主要内容包括背景盐度提取、现场监测、卫星遥感监测、航空遥感监测、数值模拟通用技术、数值模拟关键参数取值、物理模型试验、浓海水入海数值模拟预测结果复验,其中数值模拟技术涵盖了 MIKE、FVCOM、Delft 3D、TELEMAC 等主要软件和自编软件。

本书适用于滨海核电厂、滨海火电厂和内陆滨河滨湖电厂浓海(盐)水监测与预测,可供从事海水盐度监测、浓海(盐)水数值模拟、浓海(盐)水物理模型试验及海域使用论证、海洋工程环境影响评价、生态跟踪监测等相关专业领域的管理人员、从业人员、科研人员使用,也可作为高等院校相关专业的教学参考书。

审图号:GS 京(2024)2631 号

图书在版编目(CIP)数据

滨海核电浓海水入海监测预测技术手册/战超等编著. — 北京:科学出版社,2024. 11. — ISBN 978-7-03-080071-8

Ⅰ. X771-62

中国国家版本馆CIP数据核字第2024HJ7559号

责任编辑:吴凡洁 冯晓利/责任校对:王萌萌
责任印制:师艳茹/封面设计:无极书装

科学出版社 出版

北京东黄城根北街 16 号
邮政编码:100717
http://www.sciencep.com

北京中科印刷有限公司印刷
科学出版社发行 各地新华书店经销

*

2024 年 11 月第 一 版 开本:720×1000 1/16
2024 年 11 月第一次印刷 印张:14
字数:280 000

定价:150.00 元
(如有印装质量问题,我社负责调换)

丛 书 序

核能是稳定可靠的绿色低碳能源，核电是具有战略性和先导性的未来产业，发展核电是我国推进能源绿色低碳转型、优化能源结构、改善生态环境、实现"双碳"目标的重要措施。核电厂运行离不开冷源，在各种冷源中又以海水或淡水冷却最为重要。由于我国是淡水资源十分紧缺的国家，把核电厂布局在滨海(含近海、海岛)地区，既可以利用丰富的天然海水或其淡化水作为冷却用水，也可为经济发达的东部沿海就近提供充足的绿色电力。因此，迄今为止，我国核电均为滨海厂址，海岸冷源取水、排水与滨海核电的紧密关系与生俱来。

安全是核电的生命线。核电安全中，最重要的是核安全。近年来，随着我国第三代和第四代核电技术取得重大突破，极大地提高了我国核电的核安全保障技术水平。除了核安全本身，冷源安全是滨海核电安全的重要组成部分，是影响核电厂安全运行的重要不确定性因素，并可引发次生核安全事故和海洋生态安全事故。如上所述，核电厂之所以选址在滨海，其重要目的就是获得海水或其淡化水作为冷却水，并把冷却过程产生的温排水和海水淡化工程产生的浓海水(浓盐水)就近入海消纳，但是其排放可能会导致受纳海域生态安全受损。因此，滨海核电冷源安全保障技术研究的第一个任务，是统筹保障冷源取水安全和温排水、浓海水受纳海域的生态安全，即解决滨海核电冷源系统能否取水、何处取水的问题。

滨海核电冷源安全保障技术研究的第二个任务，是防止和应对取水堵塞导致冷源部分或全部丧失，即解决滨海核电运营阶段冷源取水能否持续足量的问题。由于处在复杂多变的海岸海洋沉积动力环境和生态环境，核电取水口门、取水渠涵、拦截网、进水池及其滤网、管口等均有可能被泥沙、海冰、海生物、水草、原油、垃圾等堵塞，从而影响核电厂冷源部分或全部丧失并导致核电机组停止运行或降功率。

取水堵塞风险贯穿于滨海核电全生命周期，其导致的滨海核电冷源取水安全是世界性难题。随着全球滨海核电的迅速发展，冷源取水堵塞事件频频发生。例如，2005 年 1 月俄罗斯 Volgodonsk 核电 1 号机组因碎冰堵塞取水口而自动停堆，2007 年 12 月 30 日韩国 Hanbit 核电 1 号机组因原油堵塞取水口而降功率，2009 年 2 月 25 日法国 Blayais 核电因垃圾堵塞取水口而自动紧急停堆，2009 年 12 月 1 日法国 Cruas 核电 4 号机组因水草堵塞取水口而丧失冷源，2010 年 5 月 1 日美国 Cooper 核电因泥砂杂物堵塞取水口而降功率，2013 年 10 月法国 Tricastin 核电 2 号机组因淤泥阻塞取水口而自动停堆。

我国滨海核电也屡屡因取水堵塞导致发电机组停堆或降功率。例如，2007 年 7 月 9 日田湾核电取水口被废弃麦秸秆堵塞，2011 年 6 月 20 日秦山第二核电因水草杂物堵塞取水口而降功率，2014 年 7 月 21 日红沿河核电 H1/2 号机组因水母堵塞取水口而停堆，2015 年 8 月 7 日宁德核电 3 号机组因海地瓜堵塞取水口而停堆，2016 年 1 月 8 日岭澳核电 2 号机组因毛虾堵塞取水口而紧急停堆，2020 年 3 月 24 日阳江核电 4 号机组因毛虾堵塞取水口而导致 2 号循环水泵跳闸，2023 年 7 月 19 日红沿河核电 4 台机组因水母堵塞取水口而停堆。

滨海核电冷源安全保障技术研究的第三个任务，是提高冷源取水工程结构和取水设施的防堵塞设计标准，前者如取水明渠口门、取水口头部和进水池等，后者如各种拦截网、滤网和打捞设施等，即解决冷源安全事件的预防和应对问题。根据国家发改能源〔2023〕1315 号文件要求，应改进取水口头部设计，合理确定多机组取水方式，开展取水关键设备优化改进，控制取水明渠口门流速。除此之外，还要优化进水池结构设计，完善拦截网平面布置，开发取水堵塞预警技术。

针对上述三个研究任务和滨海核电产业发展需求，滨海核电冷源安全与绿色海工山东省工程研究中心、鲁东大学海岸研究所在多年海岸工程动力地貌与荷载、滨海核电冷源安全研究的基础上，与自然资源部海洋咨询中心、滨海核电冷源安全相关研究单位和核电企业冷源安全管理部门的同行，组织编写了这套"滨海核电冷源安全技术"丛书，适应我国滨海核电高质量发展需要，今后将陆续推出。

王 庆

2024 年 11 月

前　言

我国东部沿海经济社会发达，水资源需求量巨大，海水淡化利用是增加水资源供给的重要途径。根据自然资源部 2023 年发布的《2022 年全国海水利用报告》，截至 2022 年底，全国有海水淡化工程 150 个，淡化工程总规模为 2357048t/d。根据中国水利企业协会脱盐分会的统计数据，我国海水淡化利用最广的领域为核电与电力、石化与化工，占比分别为 39.39%、20.90%。国家发展改革委、自然资源部于 2021 年 6 月印发了《海水淡化利用发展行动计划（2021—2025 年）》，计划到 2025 年全国海水淡化工程总规模达到 290 万 t/d，到 2028 年达到 400 万 t/d。因此，预计未来我国海水淡化利用产业会有进一步发展，海水淡化规模会进一步扩大。

现阶段国内外海水淡化技术包括多级闪蒸馏法（MSF）、低温多效蒸馏法（MED）、反渗透法（RO）、电渗析法（ED）、膜蒸馏（MD）和正渗透法（FO）等，其中 RO、MSF、MED 是最主要的商业化海水淡化技术。无论哪种海水淡化技术，均只能提取利用海水中的一部分淡水，剩余淡水及其中的溶解物质即为浓盐水。除淡水含量低于原料海水、盐度较高、不含有海洋生物及悬浮泥沙外，浓盐水仍具有天然原料海水的大部分物理、化学性质，故也称浓海水。浓海水为人类活动产生的新型液态物，其处置涉及海水淡化产业持续发展，事关海域使用和海洋生态环境管理，是海水淡化产业发展面临的主要问题之一。

浓海水处置方式主要包括盐化工原料、摊晒制盐、直接入海、船送远海、地下水排放、深井注射等。其中，直接入海是把浓海水作为清净下水，通过地表明渠、暗涵或地下（水下）管道注入近岸海洋，入海前可混合稀释，入海时可加速扩散；入海口可位于海岸线附近，也可位于岸外水下及海底。目前，作为清净下水直接入海是最经济可行的浓海水处置方法，但需考虑受纳海域盐升对海洋生态环境的影响。因此，《海水淡化利用发展行动计划（2021—2025 年）》提出完善浓海水入海相关标准规范，开展受纳海域水动力、水质、生态环境长时间序列动态监测，建立企业监测、地方监管、部门监督的监测监管体系。

受纳海域是否适合浓海水注入，取决于浓海水入海后的盐升程度和受纳海域生态系统的盐升荷载能力，而浓海水入海后扩散范围、盐升程度需要以科学的监测预测结果为依据，监测预测又离不开监测预测技术及其使用规范。我国海水淡化利用发展较晚，浓海水入海监测预测尚处于初期阶段，海水盐度和盐升监测预测方法技术体系尚不健全，各种监测预测技术应用规范尚未建立。另外，从受纳海域生态系统和海洋环境的荷载能力看，我国目前缺少关于允许直接入海浓海水盐度上限和受纳海域盐升上限的标准。

目前，可采用数学模型模拟、物理模型试验或两者相结合的方法，预测浓海水入海扩散范围和受纳海域海水盐度、盐升。在项目选址、可行性研究、运营阶段，还需要采用现场监测、卫星遥感、航空遥感等观测手段，获取受纳海域盐度数据，用于数学模型、物理模型试验的模型构建、计算试验、结果复验和后评估。但是，在受纳海域背景盐度选取，现场监测范围、方法、断面、航线、站点、要素、分层、时间及频次确定，遥感盐度反演算法选用，预测模型、计算公式和模型参数选取等方面，缺少统一的技术规范；在监测预测结果验证、误差范围、成果分析过程与图表编制等方面缺少统一质量要求，因而无法保证浓海水入海后扩散范围、面积、盐升程度及分布预测结果的科学性和可比性。

有鉴于此，本手册针对浓海水直接入海处置方式，聚焦浓海水受纳海域的海水盐度、盐升预测监测技术，以我国海水淡化产业发达的胶东半岛为例，在浓海水入海盐升机理和海洋生态环境盐升承载力研究的基础上，系统开展浓海水入海监测预测技术及其使用规范研究，以满足我国海水淡化工程浓海水入海监测预测和浓海水生态环境影响评价、浓海水海域使用管理暨生态环境管理亟须，目的是为海水淡化利用产业持续发展提供技术支撑。

本手册按照实用性、系统性、兼容性和适用性的基本原则编纂。一是考虑浓海水监测和预测技术应用中可能出现的问题，涵盖当前海洋水文水动力监测预测实践常用模型，此为实用性原则。二是考虑海水淡化工程全生命周期不同阶段监测预测需要，补充现有相关标准中尚未规范的内容，健全浓海水盐度监测预测技术体系，此为系统性原则。三是考虑与现有相关法律法规标准中的相关内容相协调，兼顾常用商业软件和自编软件，此为兼容性原则。四是考虑我国沿海不同岸段海水盐度背景值、盐度时空变化差异性，以及不同监测预测单位技术优势和海水淡化工程不同阶段监测预测需求的差异性，此为适用性原则。

根据以上编纂原则，为便于读者使用和参考，本手册内容结构按照绪论、分篇以及附录、参考文献编排，各分篇又进一步按照"篇—部分—章—节"的层次组织安排，手册各部分相互联系又相对独立，共同构成一个比较完备的浓海水监测预测技术应用规范体系。其中，绪论主要就浓海水入海受纳海域的盐度升降机理、浓海水入海对海洋生态的影响、浓海水入海用海管理和浓海水入海生态环境管理等问题进行探讨。各分篇分别为浓海水入海监测预测总体要求、浓海水入海监测技术、浓海水入海预测技术。第 1 篇"总体要求"包括总则、背景盐度提取两部分，第 2 篇"监测技术"包括现场监测、卫星遥感监测、航空遥感监测三部分，第 3 篇"预测技术"包括数值模拟通用技术、数值模拟关键参数取值、物理模型试验、浓海水入海数值模拟预测结果复验四部分。

　　本手册由鲁东大学海岸研究所、滨海核电冷源安全与绿色海工山东省工程研究中心、自然资源部海洋咨询中心、烟台海洋工程安全保障技术创新中心、烟台谨越海洋科技有限公司的部分专业技术人员编写,由战超、王庆(鲁东大学海岸研究所、滨海核电冷源安全与绿色海工山东省工程研究中心)、孙岳(自然资源部海洋咨询中心)、李涛(鲁东大学海岸研究所、滨海核电冷源安全与绿色海工山东省工程研究中心)共同主编,张宇、吴頔(自然资源部海洋咨询中心)、石洪源、朱君(鲁东大学海岸研究所、滨海核电冷源安全与绿色海工山东省工程研究中心)担任副主编,主要编写人员为李岩、王龙升(鲁东大学海岸研究所、滨海核电冷源安全与绿色海工山东省工程研究中心)、浦祥(上海核工程研究设计院股份有限公司)、于洋、苏腾、牛忠恩、潘宗保、王红艳、王奥博(鲁东大学海岸研究所、滨海核电冷源安全与绿色海工山东省工程研究中心)等。

　　本手册编研工作从始至终得到了国电投莱阳核能有限公司大力支持和密切协作,伍浩、田涛在手册需求论证、关键科技问题判定、技术路线确定等方面给予精心指导,李保卫、聂品、修卫彬、宿伟成等对手册编研和示范应用等方面给予大力支持,王永军、周彦楠、程应社、王宇琛、杨洪冬、张笑瑜、李宝军等对研究工作给予真诚帮助。

　　鲁东大学党委(学校)办公室、科学技术处、服务地方办公室、海岸研究所、滨海核电冷源安全与绿色海工山东省工程研究中心、水利土木学院、资源与环境工程学院、滨海生态高等研究院有关领导给本手册编研提供了诸多方便,吕振波教授提供了部分丁字湾海域调查资料,海岸研究所研究生伊锋、李子禄、左凤娇、范镇、曹印、张家瑞、薛怀苑、殷鹏钧、刘传康、吕尊友、刘泽洋、李瑞、陈宇、赵勇、王浩舰、于莉萌、宋秋雨、张广琦、范玉函等参与了部分研究工作,并负责手册部分图件编绘。

　　在本手册编研过程中,自然资源部海域海岛管理司刘志军副处长、自然资源部海洋咨询中心康健主任给予鼓励和指导,自然资源部第一海洋研究所李培英研究员和纪鹏研究员、中国科学院海洋研究所黄海军研究员、自然资源部第三海洋研究所吴耀建研究员、中国海洋大学鲍献文教授、华东师范大学戴志军教授、辽宁省海洋水产科学研究院董婧研究员、鲁东大学杨建民教授等专家学者先后给我们提出了宝贵的意见和建议。

　　在此,我们向所有关心、支持本手册编研、出版的各位领导、专家学者表示衷心感谢,恳请未能一一列出名字的专家学者、参考文献作者和有关单位予以谅解和支持!

　　本手册是我国第一部海水淡化工程浓海水入海监测预测技术应用手册,也可用于其他高浓度盐水入海监测预测。本手册涉及专业领域复杂多样，编写质量要求高，没有同类著作可供借鉴。

由于作者专业水平和业务能力有限，经验不足，所掌握的应用案例和资料积累不全面，手册存在疏漏之处，敬请各位同行专家学者和读者批评指正，希望把应用中发现的问题和不足及时反馈给我们，以便我们改进和完善。

作　者

2024 年 2 月 28 日

目　　录

第1篇　浓海水入海监测预测总体要求

第 2 篇　浓海水入海监测技术

第3篇　浓海水入海预测技术

绪　　论

1　海水淡化与浓海水入海

我国海岸线漫长、海岛众多、海域辽阔，沿海地区为经济社会发达地区，水资源需求量大，海水淡化利用是增加水资源供给、优化供水结构的重要手段，对沿海地区、离岸海岛缓解水资源瓶颈制约、保障经济社会可持续发展具有重要意义。为推动我国海水淡化产业发展，国家发展和改革委员会、自然资源部于2021年6月印发了《海水淡化利用发展行动计划(2021—2025年)》，提出要以推进海水淡化规模化利用为目的，以突破关键核心技术和提高产业化水平为抓手，以完善政策标准为支撑，通过试点示范和重点工程，进一步提高产业链供应链水平，更好服务于国家和地区经济社会高质量发展。

1.1　我国海水淡化工程

1.1.1　工程规模

2000年以来，我国海水淡化利用产业发展很快。根据自然资源部2023年发布的《2022年全国海水利用报告》[1]，截至2022年底，全国共计有海水淡化工程150个，淡化工程总规模2357048t/d(图0-1)。其中，有万吨级及以上海水淡化工程50个，工程总规模2145428t/d；有千吨级及以上、万吨级以下海水淡化工程52个，工程总规模198466t/d；有千吨级以下海水淡化工程48个，工程总规模13154t/d。

1.1.2　区域分布

我国海水淡化工程主要分布在浙江、山东、河北、天津、辽宁五个省(直辖市)水资源严重短缺的沿海城市和海岛(图0-2)。根据《2022年全国海水利用报告》，截至2022年底，辽宁海水淡化工程规模161984t/d，天津海水淡化工程规模306000t/d，河北海水淡化工程规模390700t/d，山东海水淡化工程规模603209t/d，江苏海水淡化工程规模5020t/d，浙江海水淡化工程规模761849t/d，福建海水淡化工程规模29950t/d，广东海水淡化工程规模88896t/d，广西海水淡化工程规模750t/d，海南海水淡化工程规模8690t/d。其中，海岛地区现有海水淡化工程规模

776108t/d，占全国海水淡化工程总规模的32.9%。

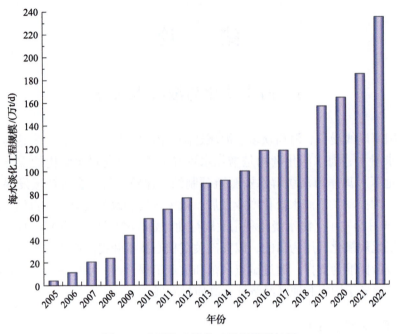

图 0-1　全国海水淡化工程规模增长图

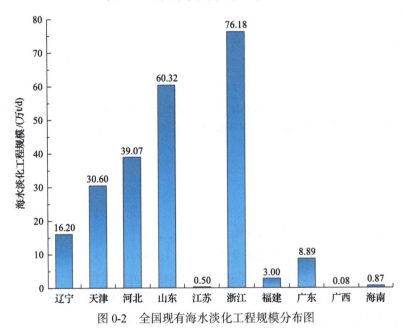

图 0-2　全国现有海水淡化工程规模分布图

1.1.3　淡化技术

目前，可用于海水淡化工程的淡化工艺技术较多，大部分淡化工程主要通过多级闪蒸馏法（MSF）、低温多效蒸馏法（MED）、反渗透法（RO）、电渗析法（ED）、膜蒸馏法（MD）以及正渗透法（FO）等工艺方法实现（表 0-1）。其中，RO、MSF、MED 是目前最主要的商业化海水淡化工艺技术[2-6]。

表 0-1　主要海水淡化方法及优缺点分析

方法	产淡原理	优点	缺点
多级闪蒸馏法（MSF）	热盐水引入低压闪蒸室后气化、降温、蒸气冷凝	简单实用，防垢性能好，易大型化	成本高，温度高，能耗大
低温多效蒸馏法（MED）	70℃盐水多次蒸发和冷凝	安全可靠，产水质量好，防腐性强	须定期除垢
反渗透法（RO）	通过外部压力，将海水中淡水渗透过半透膜	工艺流程简单，能耗低，节约环保	预处理严格，须定期清洗膜组件
正渗透法（FO）	利用高浓度汲取液产生的渗透压，使海水中纯水通过膜进入汲取液	产水率高，成本低，能耗少	存在内浓差极化，膜污染，溶质进向扩散和汲取液后期大量耗能、费用高
压汽蒸馏法（VC）	利用蒸汽压缩使盐水分离	效益高，预处理简单，能量利用率高	易腐蚀，产生水垢
太阳能蒸馏法	利用太阳能使盐水蒸发	结构简单，绿色环保	对太阳辐射要求高，区域局限
水合物法（HBD）	在一定温度和压力下，水合剂与水形成水合晶体	能耗低，设备简单，成本低，环保	操作压力大，预处理成本高，回收率低
电渗析法（ED）	海水盐离子通过离子交换膜迁移产生	预处理简单，能耗低，水回收率高	达不到饮用水要求，须定期处理水垢
冷冻法	利用海水由液体到固体实现盐水分离	温度低，水垢腐蚀轻，预处理简单	工艺复杂，成本高，盐水分离不完全
膜蒸馏法（MD）	蒸汽分压差使蒸汽透过疏水膜后冷凝	效率高，结构简单，预处理要求低	不成熟，尚未工业化应用
太阳能淡化法	太阳能转化为电能后驱动海水淡化	储量大，环境绿色友好，可持续利用	不稳定，效率低，成本高，区域局限
风能淡化法	风能转换为电能后驱动海水淡化设备	与 RO 法的适应性强，操作灵活互补	具有间歇性和不稳定性
核能淡化法	利用核反应堆产生的热能或电能驱动海水淡化	储量大，环境绿色友好，可持续利用	核废料的放射性及安全性问题

根据《2022 年全国海水利用报告》，截至 2022 年底，全国应用反渗透法淡化技术的海水淡化工程 133 个，工程规模 1530018t/d，占总工程规模的 64.91%；应用低温多效蒸馏法淡化技术的海水淡化工程 17 个，工程规模 820530t/d，占总工程规模的 34.81%；应用多级闪蒸馏法淡化技术的海水淡化工程 1 个，工程规模 6000t/d，占总工程规模的 0.26%；应用正渗透法淡化技术的海水淡化工程 1 个，工程规模 500t/d，占总工程规模的 0.02%（图 0-3）。

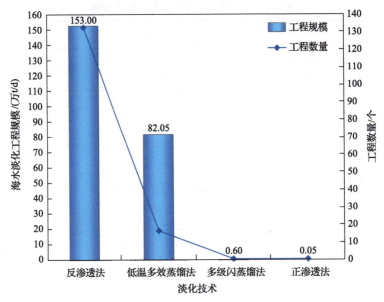

图 0-3　全国海水淡化工程技术应用情况图

1.1.4　淡化用途

根据中国水利企业协会脱盐分会的统计数据，目前我国已建成海水淡化项目产水应用范围最广的领域为核电和电力、石化和化工，占比分别达到 39.39% 和 20.90%（图 0-4）。整体来看，工业用水比例远高于市政用水，工业用水又主要集中在沿海地区北部、东部和南部海洋经济圈的电力、石化、钢铁等高耗水行业。2021 年，新增用于工业用水的海水淡化工程主要是为化工、电力等高耗水行业提供高品质用水；新增用于生活用水的海水淡化工程主要是为广东省、福建省缺水海岛和浙江省抗旱应急提供可靠的淡水资源供给。天津市、浙江省舟山市和山东省青岛市海水淡化工程通过"点对点"供水或与常规水源按比例掺混后，已进入市政管网为居民提供生活用水。

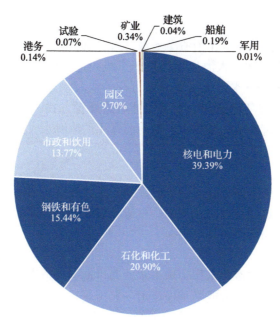

图 0-4　全国已建成海水淡化项目产水用途分布图

1.2　浓海水处置

现有的海水淡化技术均只能提取利用海水中的部分淡水，剩余淡水及其中的溶解物质为浓盐水。除了淡水含量低于原料海水、盐度较高、不含有海洋生物及悬浮泥沙外，浓盐水仍具有天然原料海水的大部分物理、化学性质，故也称为浓海水。浓海水为人类活动产生的新型排海液态物，目前常用的浓海水处置方式与途径包括：盐化工原料、摊晒制盐、直接入海、船送远海、地下水排放、深井注射[7,8]。

（1）盐化工原料。

浓海水中含有镁、钾、硫、溴及稀有元素等，这些都是盐化工的重要原料。因此，海水淡化工程可与盐化工相结合，开展浓海水综合利用，联产原盐、溴、镁、钾等化工产品，不仅能够进一步降低海水淡化成本，还可以解决浓海水入海可能危及海洋生态环境的问题。

（2）摊晒制盐。

浓海水中含有大量原盐（氯化钠），目前较为经济的利用方式是摊晒制盐。近年来，由于工农业用地、城镇占地等原因，沿海地区制盐面积不断缩小，使得我国海盐产量急剧下降。以浓海水为原料摊晒制盐，不仅可以避免浓海水直接入海可能导致的海洋生态问题，还可增加海盐产量 80%～90%。

(3)直接入海。

直接入海是指把浓海水作为清净下水,通过地表明渠、暗涵或地下(水下)管道等直接注入近岸海洋,入海口可以位于岸线附近,也可以位于岸外水下及海底。目前,作为清净下水直接入海是最可行的浓海水处置方法,但需考虑受纳海域盐升对海洋生态环境影响。本书即针对该处置方式,在总结和分析浓海水入海对海洋生态环境影响的基础上,对目前常用的浓海水入海监测预测技术进行系统规范。

(4)船送远海。

将海水淡化后产生的浓海水收集储存到一定数量后,利用船舶将浓海水送至距离陆地较远的深远海合适位置排放,可避免近岸入海导致的海岸区域盐度升高及引起近岸海域的局部生态环境受损。

(5)地下水排放。

地下水排放是指将浓海水作为地下水,通过地下管道先排放到附近的市政污水处理厂,处理后单独排放或随其他污水一起排放。

(6)深井注射。

将浓海水通过深井注入深层地下水,将其与上方可作为饮用水水源的浅层地下水充分隔离。浓海水输送管道通常用多层套管和灌浆组成,然后利用黏土及其他岩层阻隔,防止其污染浅层地下水。井深通常在 500～1500m,具体需要根据当地水文地质条件确定。

浓海水处置是海水淡化产业发展面临的主要问题之一。根据《海水淡化利用发展行动计划(2021—2025 年)》,到 2025 年全国海水淡化工程总规模将达到290 万 t/d,新增 125 万 t/d;到 2028 年达到 400 万 t/d。该行动计划针对浓海水入海问题,提出:①完善浓海水入海相关标准规范;②浓海水可采取混合稀释、加速扩散等方式入海;③开展浓海水入海海域水动力、水质、生态环境特征指标等的长时间序列动态监测,建立企业监测、地方监管、部门监督的监测监管体系。本书针对浓海水直接入海处置方式,聚焦受纳海域海水盐度、盐升预测监测,开展浓海水入海监测预测技术及其使用规范研究。

1.3 山东省海水淡化工程

山东省是我国海水淡化产业最发达的地区之一,尤其是 2013 年以来海水淡化产业发展速度明显加快,主要产能来自大规模及超大规模海水淡化工程建设。根据自然资源部海洋战略规划与经济司 2022 年发布的《2021 年全国海水利用报告》[9],截至 2021 年底,山东省共有海水淡化工程总规模 451429t/d,是我国海水淡化工程规模第二大省份。目前,山东省共有 52 个海水淡化工程项目。其中,千吨级以下海水淡化工程 26 个,千吨级以上、万吨级以下海水淡化工程 18 个,万吨级以上海水淡化工程 8 个[9]。

从海水淡化工程用途来看，山东省海水淡化水主要用于工业用水和生活用水。淡化工业用水主要集中在烟台、青岛和威海的电厂；生活用水主要集中在青岛、烟台的海岛。其中，滨海核电厂海水淡化工程 13 个，占山东省全部海水淡化工程总数的 25%；烟台市海水淡化工程 29 个，占山东省海水淡化工程总数的 55.6%，主要集中在长岛。

从淡化工艺技术来看，山东省海水淡化工程主要采用反渗透法和低温多效蒸馏法，其产能占比分别为 99.15% 和 0.85%，即几乎全部海水淡化工程均采用反渗透法。同时，山东省还拥有一批反渗透法海水淡化技术装备领域的企业。

1.4　丁字湾北岸海水淡化工程

山东海水淡化工程集中在胶东半岛，该地区为我国北方淡水资源缺乏地区之一，也是我国海水淡化工程最集中的地区，未来经济社会发展对海水淡化需求会越来越大，浓海水入海监测预测及其海洋生态环境影响评估极具迫切性。为研究海水淡化后浓海水入海监测预测及其生态环境影响，本书以位于胶东半岛南部、封闭程度较高的丁字湾作为浓海水受纳海域，保守预测未来海水淡化工程浓海水入海扩散范围和受纳海域盐升，分析其对海洋生态环境的影响。为此，设想在丁字湾北岸布置建设一个大型海水淡化工程，从丁字湾湾顶取原料海水，淡化后产生的浓海水排入丁字湾中部，取排水方案按照"深取深排"原则设计，采用"头部+暗涵"取排水方式(图 0-5)。

图 0-5　丁字湾北岸海水淡化工程位置图

1.4.1 自然背景

丁字湾位于胶东半岛南部五龙河河口区，该海湾是胶东半岛最大也是最典型的溺谷河口潮汐汊道海湾，海湾轮廓呈"口小肚大"的丁字状，高潮时面积143.75km²、潮间带面积119.01km²、湾口宽度6.0km，低潮时仅潮汐汊道被海水淹没。丁字湾近岸海岸潮汐类型为正规半日潮，最大潮差4.05m，最小潮差0.69m，平均潮差2.48m。湾外波浪浪向东南，夏秋季节受台风影响常有大浪，波高一般大于1.5m、最大可达3.5m，但对湾内影响较小。

丁字湾湾口外海域的潮波由东北向西南传播，属逆时针旋转潮汐系统。受狭长海湾边界和潮汐汊道的影响，丁字湾内潮流以 NW-SE 向往复流为主，流速较大区域位于湾口附近和湾内的潮汐汊道内，最大涨潮流、最大落潮流出现在湾口西南侧的栲栳头东北海域，表层最大流速75～85cm/s，湾内其他区域流速较小；涨潮流明显强于落潮流，涨潮历时小于落潮历时[10,11]。

五龙河为季风雨源型河流，多年平均径流量92.7亿m³，1980年以前约167亿m³，1980年后约为27亿m³，减少幅度约为80%。径流年内分布不均，洪枯悬殊，水位、流量过程线随降雨而迅速涨落，汛期径流占全年径流总量的70%～80%；枯季上游河床裸露，甚至断流。根据下游团旺水文站2000年到2022年观测数据统计，五龙河月均流量10.71m³/s，冬季多年日均流量3.21m³/s，夏季年均流量24.28m³/s。其中，2007年8月12日流量最大，日均达到1870m³/s。

如前所述，丁字湾为典型溺谷河口潮汐汊道海湾，其西北段即湾顶为五龙河河口段，中段和东南段为五龙河口外滨海区。在数十年前桥头村为潮流界所在，其以下为河口段，河槽平缓，河道曲折，心滩、边滩星布；口门位于香岛附近，五龙河河道与丁字湾潮汐汊道在此相衔接，香岛以下为口外滨海区。最近数十年来，由于滩涂围塘养殖等人类活动的影响，五龙河口门向下迁移至目前位置，河口段河道相应向海延伸。

受五龙河泥沙输入和海湾水动力条件影响，数千年来丁字湾不断淤塞缩小，最近100年来淤积有显著增强趋势，香岛以西至金口之间长达8.5km潮汐汊道尾闾段于20世纪40年代基本淤塞，逐渐演变成为目前的小型潮沟系统，潮汐汊道萎缩速率为85～170m/a（图0-6）。在公元17世纪初期的明朝天启年间（公元1621～1627年），位于五龙河口西侧的金口港开埠，清代乾隆时期（公元1736～1796年）成为胶东半岛最大港口，可通行和停泊150t沙船。20世纪初期开始，随着五龙河流域土壤侵蚀和水土流失加重，金口港逐渐淤积和衰落，至40年代完全淤塞和废弃。80年代以来，由于周边滩涂围垦、围海养殖等原因，丁字湾潮滩面积显著减少。

图 0-6　丁字湾潮汐汊道演变

现代丁字湾地貌格局为"潮间滩涂夹潮汐汊道"，湾口外发育以湾口为顶点的大型落潮三角洲，潮汐汊道宽不足 1000m，长度约为 15km；两侧潮间滩涂肩部高出汊道底部 6~17m，汊道侧壁坡度范围为 0.9%~5.2%（图 0-7 和图 0-8）。该工程浓海水排水口所在海域位于潮汐汊道，其海底地貌格局为"两槽夹一滩"，DM11 断面中部浅滩滩顶高出西侧落潮流槽、东侧涨潮流槽底部分别约为 3.4m 和 6.0m（图 0-8），DM16 断面中部浅滩滩顶高出西北侧落潮流槽、东南侧涨潮流槽底部分别为 3.4m 和 2.5m（图 0-8）。

1.4.2　海水淡化工艺

设计海水淡化工程采用反渗透法（RO）淡化工艺，淡化工程主要包含取排水系统、加热系统、海水淡化系统。取排水系统通过两个直径为 12m 的取水头和两条 DN2200 的引水管将原料海水从丁字湾引入取水泵房前池，海水经取水泵站加压后，冬季进入海水加热厂房，其他季节直接进入海水淡化预处理系统。

原料海水经预处理后反渗透脱盐。脱盐分为一级反渗透和二级反渗透，80% 淡水反渗透出水与 20% 海水反渗透出水掺混后，先进行加碱调质处理，然后经过升压泵加压后用管道送至用户厂区（约占原料海水 35%）。另外，有少部分（约占原料海水 10%）淡化产水供淡化厂生产使用，用完后通过管道随浓海水直接入海。因此，海水淡化后注入丁字湾海域的浓海水体积约占原料海水的 65%。

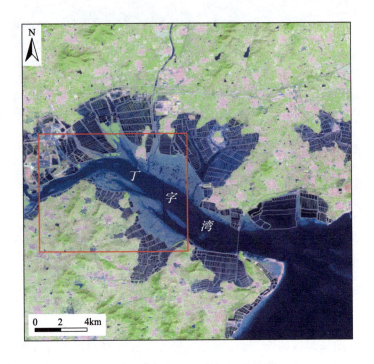

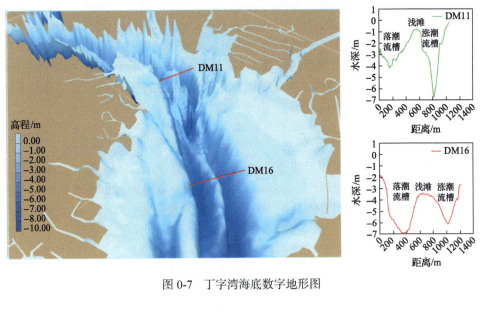

图 0-7 丁字湾海底数字地形图

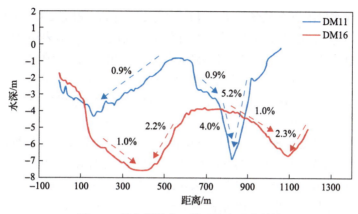

图 0-8　拟布设排水口附近海底坡度结构

图中百分数为坡度

1.4.3　取排水量

拟建海淡工程年平均原料海水取水量 13.62m³/s，产生浓海水量约为 8.76m³/s（表 0-2）。各季中，春、夏、秋、冬季平均原料海水取水量分别为 13.59m³/s、15.93m³/s、14.03m³/s 和 10.91m³/s，浓海水平均排水流量分别为 8.74m³/s、10.26m³/s、9.03m³/s 和 7.02m³/s。其中，9 月份原料海水取水量为秋季最大，达到 15.52m³/s，浓海水排水量约为 9.99m³/s；12 月份原料海水取水量为冬季最大，达到 11.12m³/s，浓海水排水量约为 7.16m³/s。

表 0-2　原料海水取水量和浓海水排水量　　　　　　（单位：m³/s）

参数	月份												夏季10%
	1	2	3	4	5	6	7	8	9	10	11	12	
取水量	10.57	11.03	12.19	13.66	14.91	15.72	16.06	16.02	15.52	14.08	12.5	11.12	16.78
排水量	6.80	7.10	7.84	8.79	9.60	10.12	10.34	10.31	9.99	9.06	8.04	7.16	10.80

海水淡化工程拟建设两座 2000m³ 的废水收集池，收集海淡系统产生的浓海水，包括海水反渗透浓海水、浮滤一体化装置排水和超滤的化学清洗水，并设置酸碱中和系统，中和达标后通过海域地下（海底下）排水暗涵直接注入丁字湾。

1.4.4　原料海水与浓海水盐度

受五龙河径流影响，丁字湾海域盐度季节变化显著。根据 2022 年 12 月 25 日至 2023 年 1 月 1 日定点监测结果，丁字湾湾口外海域冬季涨潮期平均盐度约为

30.0psu[①]，取水口附近海域冬季平均盐度约为 24.62psu。根据 2023 年 9 月 1 日至 26 日取水口定点逐时盐度监测结果，9 月份平均盐度 22.4psu（表层 21.4psu，底层 23.4psu）。根据 2022 年 8 月 21 日遥感影像反演结果，取水口附近海域夏季海表盐度约为 21.93psu。根据 2022 年 2 月、4～5 月、8 月和 11 月定点监测结果，排放口附近海域冬季平均盐度约为 27.33psu，其中春季平均盐度约为 30.95psu，夏季平均盐度约为 22.99psu，秋季平均盐度约为 26.22psu。

丁字湾盐度日变幅较大，变化幅度自湾外向湾顶显著增加。根据湾外女岛站 2021 年 8 月 1 日至 2022 年 7 月 31 日中层盐度逐时监测结果，90%累积频率盐度日变幅小于 0.5psu。根据湾口丁字湾大桥站 2021 年 9 月 16 日至 2022 年 7 月 31 日中层盐度逐时监测结果，90%累积频率盐度日变幅小于 4.0psu（图 0-9）。由于湾内缺少盐度日变幅监测数据，根据自湾外向湾顶盐度日变幅增加的趋势估计，排水口附近年均盐度日变幅约为 5.0psu。

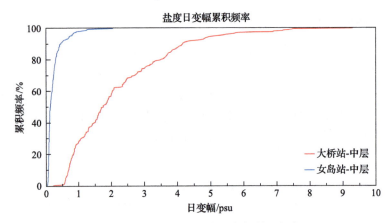

图 0-9 丁字湾海水盐度日变幅累积频率

冬季五龙河径流最小，为浓海水入海预测的最不利工况，考虑到拟建海水淡化工程设计浓海水排放率为 65%（表 0-2），并结合冬季取水口和排水口附近海域的实测盐度数据推算，冬季（12 月）海水淡化形成浓海水的盐度约为 38.24psu，超出排水口海域平均背景盐度约 10.91psu，超出丁字湾湾外海域平均背景盐度约 8.24psu；秋季（9 月）淡化后浓海水平均初始盐度约为 34.50psu，超出排水口海域平均背景盐度约 8.28psu。

1.5 浓海水入海扩散预测

采用三维数值模拟方法，首先对拟建海水淡化工程浓海水入海后丁字湾盐度

---

① psu 是海洋学中表示盐度的标准，为无量纲单位，一般以‰表示。

的时空分布特征进行预测，然后根据数值计算结果对浓海水入海后丁字湾海水盐度变化机理进行探讨，最后对盐度变化的生态环境影响进行分析、评价及预测。数值模拟计算所用软件为 MIKE 3。为简化计算，将全部排水口概化为两个，典型潮时包括大中小潮期的涨急、涨憩、落急和落憩，取水不考虑盐回归影响。

1.5.1　模型设置

(1)网格与分层。

计算域经纬度坐标范围为 36.1°N～36.8°N、120.6°E～121.5°E。考虑到丁字湾作为溺谷河口潮汐汊道海湾的海岸地形特点，为较好地贴合自然岸线和海底地形，采用非结构网格剖分计算域，用动边界方法处理干、湿网格，共有网格 41866 个，节点 23393 个。为准确计算取排水口附近海域海水盐度变化，在取排水口附近区域进行网格加密，加密区范围约为 41500m^2，网格最小尺度为 2m。垂向分为 6 个 Sigma 层。

(2)水深与岸界。

丁字湾及湾口附近海域采用现场调查测量的水深、地形资料，外海水深采用美国国家地学测量中心(National Geodetic Center)提供的 DBDB5(Digital Bathymetric Database Version 5.2)原始数据集，通过双线性插值方法得到各个网格点的水深地形。岸线采用 Google 岸线资料以及工程附近海岸线勘测资料。

(3)边界条件。

模型开边界潮汐振幅、迟角和潮流流速等使用 2018 年版本 TPXO9 数据，包括八个基本分潮(M_2、S_2、N_2、K_2、K_1、O_1、P_1、Q_1)、两个长周期分潮(M_f 和 M_m)及 M_4、Ms_4、Mn_4、$2N_2$、S_1 等分潮。在开边界通过潮位输入了 M_2、S_2、N_2、K_2、K_1、O_1、P_1、Q_1 共八个分潮。

$$\xi = \sum_{i=1}^{N} \{f_i H_i \cos[\sigma_i t + (V_{oi} + V_i) - G_i]\} \tag{0-1}$$

式中，f_i、σ_i 分别为第 i 个分潮(M_2、S_2、N_2、K_2、K_1、O_1、P_1、Q_1)交点因子和角速度；H_i 和 G_i 均是调和常数，分别为分潮振幅和迟角；V_{oi}、V_i 为分潮幅角。

闭边界为水陆交界条件，水质点的法向流速设为 0。采用动边界技术处理干湿边界，分别针对干边界(dry)、漫水区(flood)和湿水区(wet)等不同水深类型，预先设定每个计算单元的水深变化值，实时判断出计算单元的水深类型，从而采取相应处理方法。如果检测到单元水深值小于干边界值，则系统将把该单元从计算中移除，输入该单元的动量通量为 0。

(4)计算时间、步长和底床糙率。

计算时间依据《滨海核电温排水监测预测技术手册》[12]相关要求设定，把模型稳定后的计算结果用于统计分析。计算时间步长根据 CFL 条件动态调整，为确保模型计算稳定进行，最大时间步长设为 120s，最小时间步长设为 0.1s。为了准确刻画潮滩和潮汐汊道区域的流场时空分布，底床糙率通过空间变化的曼宁系数场控制，取值范围为 $10\sim40\mathrm{m}^{1/3}/\mathrm{s}$。

(5)初始温度。

利用 2021 年 12 月 7 日卫星遥感数据反演得到的丁字湾表层海水温度变化平面梯度，结合 2022 年 12 月 25 日至 2023 年 1 月 1 日 8 个站点实测大中小潮数据，用辐射传输方程法反演计算海表温度，通过空间差值得到了冬季丁字湾表层海水温度初始场，温度海洋开边界设置为零梯度。计算方法如下：

$$T_s = \frac{k_2}{\ln[1 + k_1 / B(T_s)]} \tag{0-2}$$

式中，T_s 为海水表面温度，K；k_1 和 k_2 均为常量；$B(T_s)$ 为海表辐亮度值；$k_1 = c_1/\lambda^5$，$k_2 = c_2/\lambda$，其中 $c_1 = 1.19104 \times 10^8 \mathrm{W \cdot \mu m^4/(m^2 \cdot sr)}$，$c_2 = 14387.7 \mu m \cdot K$，$\lambda_i$ 取值按照以下公式计算：

$$\lambda_i = \frac{\int_{\lambda_{1,i}}^{\lambda_{2,i}} f_i(\lambda)\lambda \mathrm{d}\lambda}{\int_{\lambda_{1,i}}^{\lambda_{2,i}} f_i(\lambda)\mathrm{d}\lambda} \tag{0-3}$$

式中，λ_1 和 λ_2 分别为热红外通道波段的起始波长与终止波长，μm；$f_i(\lambda)$ 为对应波长的波谱响应函数。根据实测数据对反演结果验证显示，温度初始场反演误差百分比为 6.87%。

(6)初始盐度。

利用 2021 年 12 月 7 日卫星遥感数据反演得到的盐度表层变化梯度，结合 2022 年 12 月 25 日至 2023 年 1 月 1 日 8 个站点大中小潮实测数据，根据 Binding 和 Bowers[13]通过现场实测和遥感观测数据建立的黄色有色可溶性有机物（CDOM）-盐度关系经验模型反演海表盐度，通过空间差值得到冬季丁字湾表层海水盐度初始场。计算方法如下：

$$\mathrm{Salinity} = \alpha g_{440} + \beta \tag{0-4}$$

式中，$\alpha = -11.5$；$\beta = 35.6$；g_{440} 为黄色物质在 440nm 波段处的吸收系数，根据公式 $g_{440} = 0.635(R_{665} / R_{490}) + 0.103$ 得到。根据实测数据对反演结果验证显示，盐度初始场反演误差百分比为 9.22%。

根据 2022 年 12 月 25 日至 2023 年 1 月 1 日丁字湾大、中、小潮定点监测结果，丁字湾口外 8 号站位冬季涨潮期垂向平均盐度约为 30psu。据此，将模型冬季海洋开边界盐度设置为 30psu。

1.5.2　计算工况

原料海水取水口和浓海水排放口均位于五龙河河口区，其原料海水盐度及浓海水盐度受五龙河径流影响，冬季和春季为五龙河枯水期，入海径流量小，河口区盐度高，其中冬季(12 月)多年平均入海径流量最小；夏季和秋季为五龙河丰水期，入海径流量大，河口区盐度低，多年平均径流量以 9 月份最大。从浓海水对海洋生态环境影响来看，秋季丁字湾海洋生物量最大，海水盐度变化对生态环境影响最显著。综合考虑五龙河入海径流和丁字湾海洋生物量季节变化，选用冬季和秋季作为三维数值模拟典型季节，以 12 月份和 9 月份五龙河多年平均径流量作为数值模型径流输入值，分别模拟计算冬季和秋季典型潮型(大、中、小潮)、典型时刻(涨急、落急、涨憩、落憩)的海流场、盐度场、盐升场和不同盐升面积，并计算典型半月潮条件下不同盐升包络范围和面积。

1.5.3　模型验证

利用水动力模型模拟了受纳海域潮位状况，将模拟结果与 2022 年 7 月 16 日～23 日湾口外女岛站实测潮位数据进行了对比验证，结果表明，对应测点潮位模拟结果与实测数据吻合较好；利用水动力模型模拟了潮流状况，将模拟结果与 2022 年 12 月 25 日至 2023 年 1 月 1 日大中小潮期湾内 8 个测站实测数据进行了对比验证，结果表明，对应测点潮流模拟结果与实测数据吻合较好，模型能够较好地反映丁字湾海域水动力情况。盐度验证采用 2022 年 12 月 26 日至 2023 年 1 月 1 日 4 个站位实测盐度数据，结果表明，计算值与实测值均符合良好，误差分别为 9.14%、9.32%、4.79%、3.05%。

1.5.4　预测结果

模拟计算得到了冬季和秋季典型潮型(大、中、小潮)、典型时刻(涨急、落急、涨憩、落憩)的海流场、盐度场、盐升场和不同盐升面积预测结果，并计算典型半月潮条件下不同盐升包络范围和面积。根据预测结果绘制了工程附近海域盐度分布图、变化曲线图、盐升分布图、盐升包络线图等图表，在此基础上分析了浓海水入海后丁字湾海域的盐度变化、盐度垂直结构变化、盐升历时、盐度日变幅变化特征及盐度变化机理。

2 浓海水入海后海水盐度变化及机理

与天然原料海水相比，海水淡化后浓海水最显著的特征是盐度和密度均较高，浓海水入海后受纳海域原有海水盐度场会显著改变，包括受纳海域盐度升高或降低、垂直结构变化、时空分布调整等，但是不同海域变化规律及其影响因素、机理差别很大[14]，下面仅以丁字湾为目标受纳海域予以分析。

2.1 盐度升降

浓海水入海后受纳海域海水盐度会发生一定程度升高或降低，但因不同季节、潮型、潮时、水层和位置而差别很大。以丁字湾北岸拟建海淡工程为例，根据三维数值模拟结果，取各水层各点半月潮最大盐升得到的半月潮盐升分布图显示（表 0-3、图 0-10、图 0-11），冬季绝大部分海域盐升小于 3.0psu，排水口周边 250m 范围有 3.0psu 以上盐升区；大部分海域表层、0.2H、0.4H、0.6H、0.8H(H 为垂向水深，m)和底层盐升程度差异不明显，但在排水口附近有显著垂直差异，底层盐升>0.8H>0.6H>0.4H>0.2H>表层，以底层 3.0psu、4.0psu、5.0psu 盐升面积最

表 0-3 浓海水入海后不同范围半月潮平均盐升

范围与季节	0.1psu 盐升区		湾内盐升区	
	冬季	秋季	冬季	秋季
平均盐升/psu	0.4106	0.3624	0.8544	1.0486

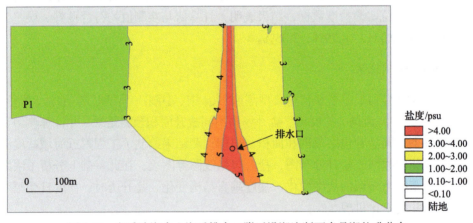

图 0-10 冬季浓海水入海后排水口附近沿潮流断面半月潮盐升分布

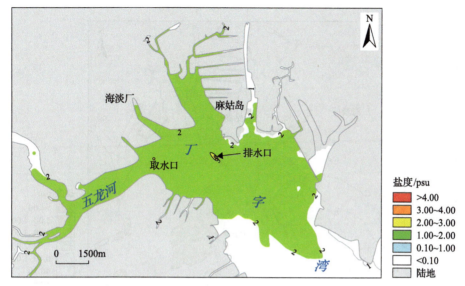

图 0-11　冬季浓海水入海后丁字湾顶部半月潮盐升平面分布

大，向上各层依次减少，底层 3.0psu、4.0psu、5.0psu 盐升面积分别为 0.057217km²、0.0092886km²、0.003338km²。

根据三维数值模拟结果，秋季湾内大部分海域出现不同程度盐升，排水口附近出现小幅度盐降。半月潮盐升分布图（图 0-12，图 0-13）显示，绝大部分海域盐升小于 2.0psu，排水口西南侧有大面积 2.0psu 盐升，无 3.0psu 及以上盐升区；大部分海域表层、$0.2H$、$0.4H$、$0.6H$、$0.8H$ 和底层盐升程度差异不明显，但在排水口附近有显著的垂直差异，底层盐升 $>0.8H>0.6H>0.4H>0.2H>$ 表层。

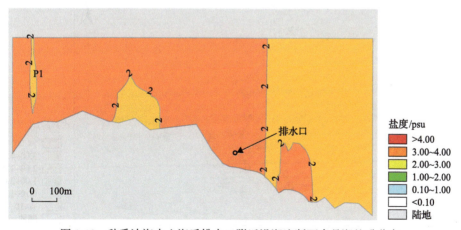

图 0-12　秋季浓海水入海后排水口附近沿潮流断面半月潮盐升分布

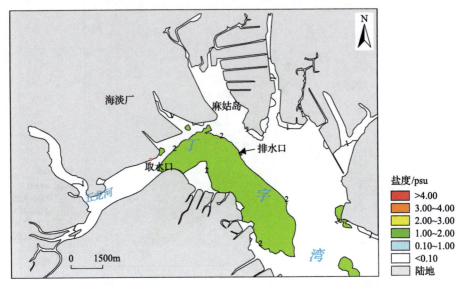

图 0-13   秋季浓海水入海后丁字湾顶部半月潮盐升平面分布

　　浓海水入海后丁字湾冬季、秋季半月潮 0.1psu 盐升等值线均大致与湾口外的落潮三角洲前缘一致，考虑到本次模拟盐度误差为 3.05%～9.32%，以浓海水入海后 0.1psu 盐升等值线作为浓海水入海后的盐升区边界，分别计算冬季（图 0-14）和秋季（图 0-15）半月潮盐升区平均盐升值。计算结果表明，冬季和秋季浓海水入海后丁字湾盐升区半月潮平均盐升约为 0.41psu 和 0.36psu（表 0-3）。

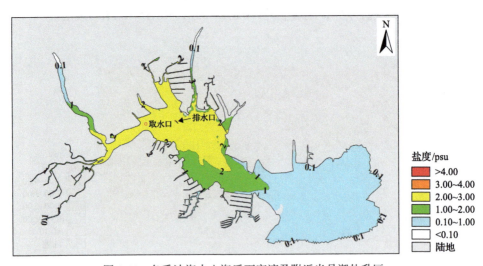

图 0-14   冬季浓海水入海后丁字湾及附近半月潮盐升区

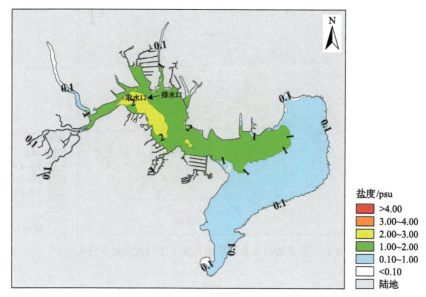

图 0-15　秋季浓海水入海后丁字湾及附近半月潮盐升区

　　用同样的方法，以丁字湾湾口最窄处两侧直线连线作为海湾边界，分别计算了冬季(图 0-16)和秋季(图 0-17)浓海水入海后丁字湾内半月潮平均盐升值。计算结果表明，冬季和秋季浓海水入海后丁字湾半月潮平均盐升值分别约为 0.85psu 和 1.05psu(表 0-3)。

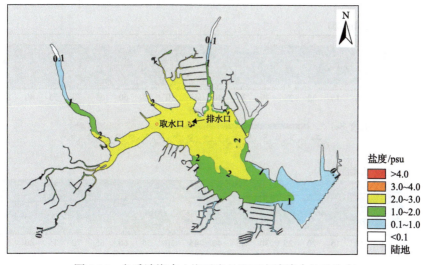

图 0-16　冬季浓海水入海后半月潮丁字湾内盐升分布

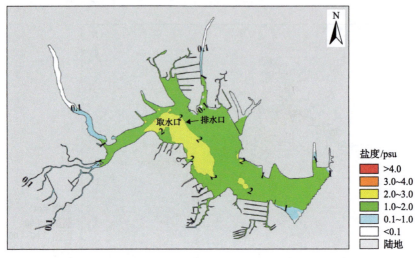

图 0-17　秋季浓海水入海后半月潮丁字湾湾内盐升分布

2.2　盐度垂直结构变化

　　丁字湾位于五龙河河口区。冬季五龙河入海径流量小，取水口原料海水盐度较高，浓海水盐度及密度高于排放口海域，在排放口周围 20m 范围内形成锥形高盐度水体，高盐水呈下伏于上层低盐水的楔状水体，与周边海水之间形成环状盐度锋(图 0-18)。受涨落潮流交替影响，排水口高盐度锥形水体的对称程度，随大中小潮及不同潮时而发生变化，以沿潮流方向变化最显著，涨潮时排水口上游侧

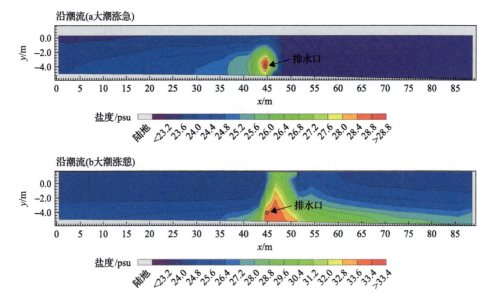

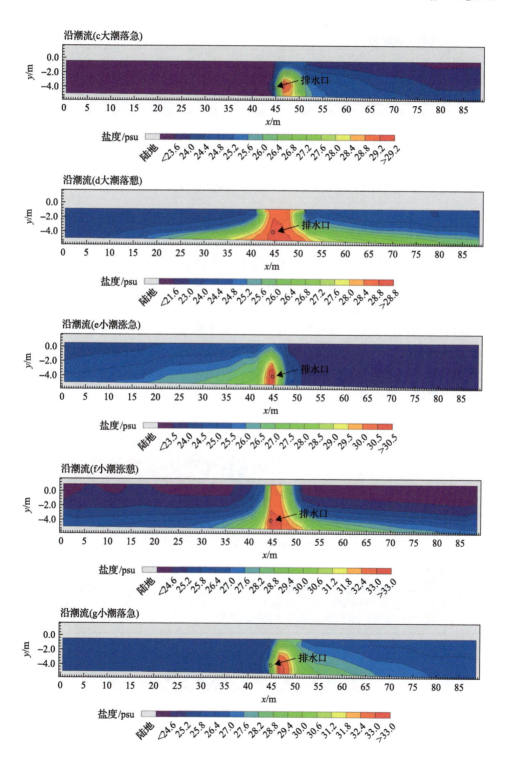

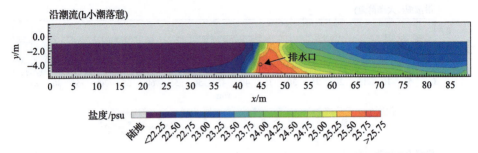

图 0-18　冬季沿潮流方向排水口附近盐度变化图（左侧为上游，右侧为下游）

锥体坡度缓、盐度高，下游侧坡度陡、盐度低；落潮时上游侧锥体坡度陡、盐度低，下游侧坡度缓、盐度高。

　　秋季五龙河入海径流量大，取水口原料海水盐度较低，浓海水盐度及密度低于排放口海域，在排放口周围 15m 范围内形成杯形的低盐度水体，下层高盐海水呈下伏于上层低盐度浓海水的楔状水体，与周边海水之间形成环状盐度锋（图 0-19）。受涨落潮流交替影响，排水口低盐度杯形水体的对称程度，随大中小潮及不同潮时而发生变化，以沿潮流方向变化最显著，涨潮时排水口上游侧杯体坡度缓、盐度低，下游侧坡度陡、盐度高；落潮时上游侧杯体坡度陡、盐度高，下游侧坡度缓、盐度低。

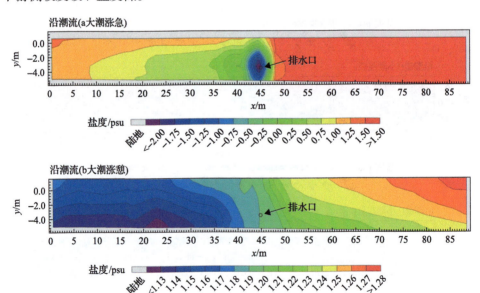

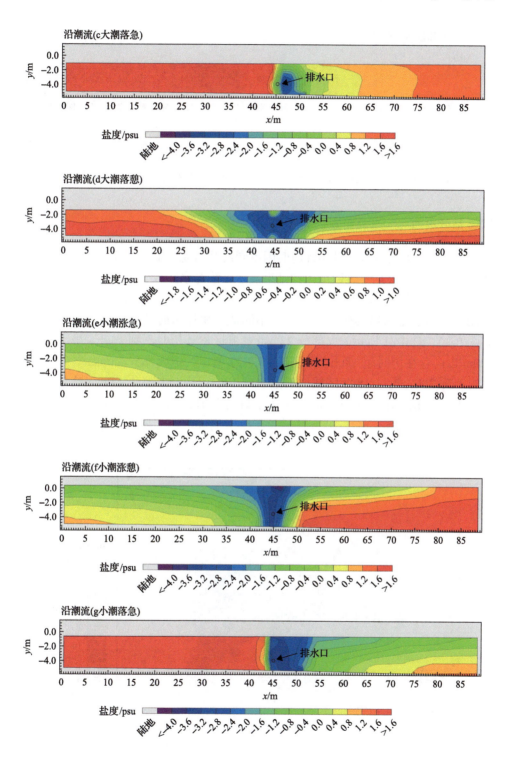

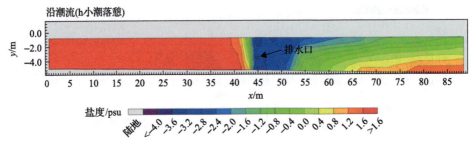

图 0-19　秋季沿潮流方向排水口附近盐度变化图(左侧为上游，右侧为下游)

2.3　盐升历时

　　浓海水入海后海水盐升累计历时因不同盐升幅度、季节、潮型、潮时、水层和位置而差别很大。三维数值模拟结果显示，浓海水注入丁字湾后，冬季半月潮2.0psu 以上盐升历时较长，3.0psu、4.0psu、5.0psu 盐升大于 120h 累计历时分布格局均呈围绕排水口的椭圆形区域，不同盐升累计历时及分布范围各不相同。如图 0-20、图 0-21 所示，大部分 2.0psu 盐升区累计历时不到 150h，排水口周围300m 以内存在历时超 180h 区域。如图 0-21 所示，绝大部分 3.0psu 盐升区累计历时不到 30h，超过 180h 区域位于排水口 10m 以内；大部分 4.0psu 盐升区累计历时不到 30h，超过 200h 区域位于排水口周围 1m 以内；大部分 5.0psu 盐升区累计历时不到 30h，超过 180h 区域位于西南侧排水口。秋季盐升历时较冬季显著为小(图 0-22)。

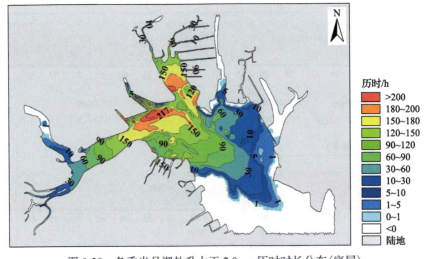

图 0-20　冬季半月潮盐升大于 2.0psu 历时时长分布(底层)

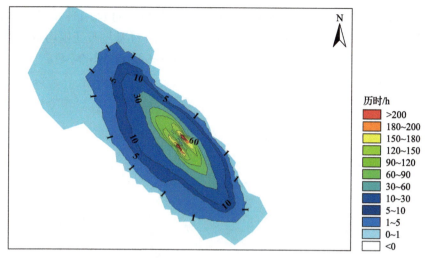

图 0-21　冬季半月潮盐升大于 3.0psu 历时时长分布(底层)

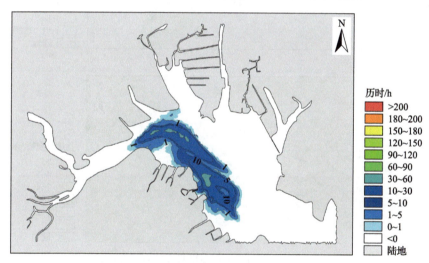

图 0-22　秋季半月潮盐升大于 2.0psu 历时时长分布(底层)

2.4　盐度日变幅变化

丁字湾受五龙河径流影响，天然海水盐度存在周期性日变化，浓海水入海后盐度日变幅会相应发生变化，主要集中在排水口附近，但是有显著季节性特征(图 0-23～图 0-25)。以冬季半月潮表层盐度日变幅变化为例，根据三维数值模拟结果，特征点 t1、t2、t3、t6、t7、t8、t9 在浓海水入海前后的盐度日变幅变化趋势和波动频率相同，但是位于排水口上游的特征点 t1、t2、t3 入海后日变幅总体上高于入海前 0.2～1.6psu，排水口周边的 t6、t7、t8 点和排水口下游的 t9 点在入海后日变幅总体上低于入海前 0.8～1.9psu。位于排放口的 t4、t5，浓海水入海后盐度日变幅曲线波动范围较大，其中更靠近排放口的 t4 盐度日变幅均高于入海前（0～4.1psu），相对较远的 t5 均低于入海前（−1.3～−0.8psu）（图 0-24）。

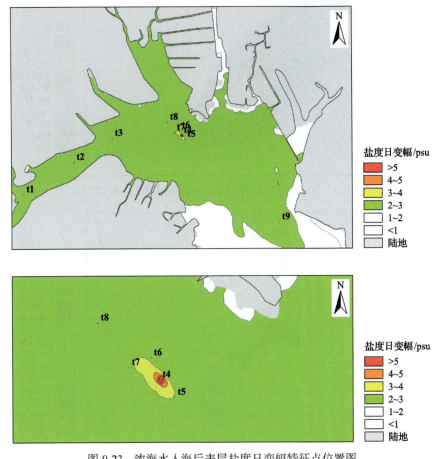

图 0-23　浓海水入海后表层盐度日变幅特征点位置图

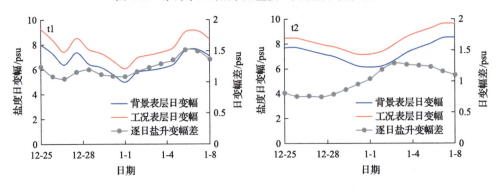

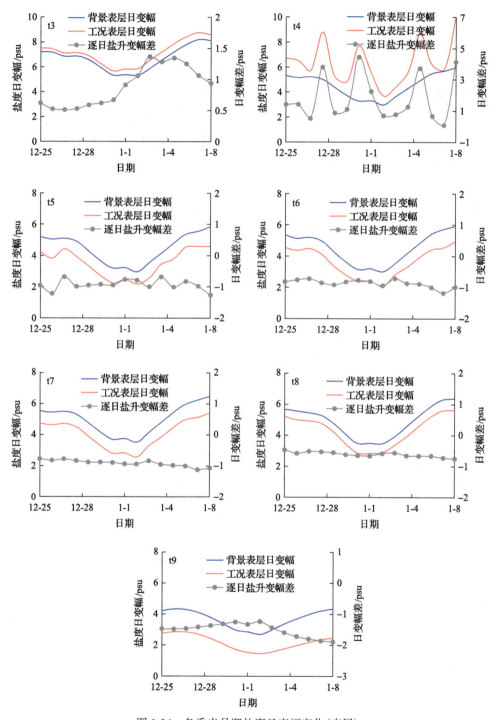

图 0-24　冬季半月潮盐度日变幅变化(表层)

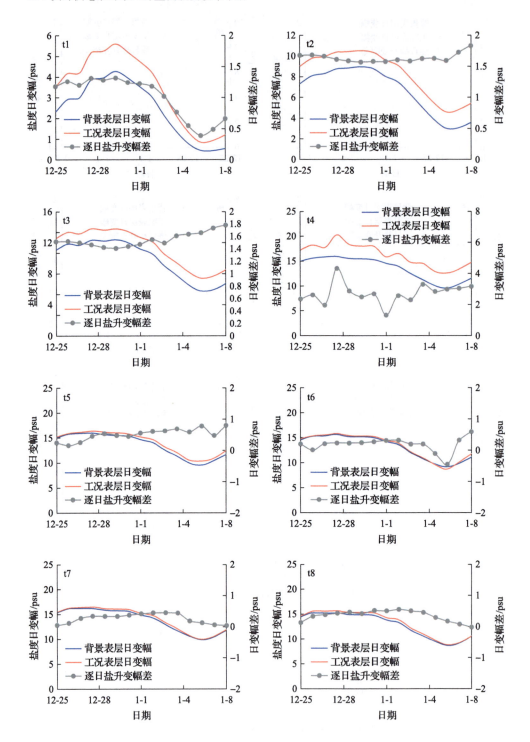

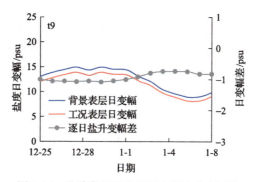

图 0-25　秋季半月潮盐度日变幅变化（表层）

2.5　盐度变化机理

对于不受径流影响的开阔海域，浓海水入海后出现的海水盐升或盐降机理相对简单，主要是取水口海域的海水盐分随浓海水迁移至排水口海域所导致的附加盐度所致。但是，对于受径流影响的海湾、河口、潟湖等封闭程度较高的海域，其影响因素和机理则复杂得多，涉及盐度锋面、湾外海水补给、海湾水体交换等河口海岸动力过程。下面，以丁字湾北岸淡化工程浓海水注入丁字湾后的海水盐升机理为例予以分析。

2.5.1　河口盐度锋

丁字湾为狭长溺谷河口潮汐汊道海湾，潮流为半日潮潮波控制的往复流，注入丁字湾的五龙河为典型温带季风区雨源型河流，径流季节变化显著。受其控制，丁字湾为五龙河径流与口外海水之间的混合、过渡海域，水体盐度自河口向湾口方向增大，在两种水体交汇部位存在明显盐度梯度变化，混合区海水盐度存在显著平面差异和垂直差异，而且这种差异随径流、潮流周期性变化而具有显著的时空变化特征。因此，河口盐度锋对丁字湾水体盐度结构的影响及其在浓海水入海响应中的作用不容忽视。

根据 2022 年 12 月 28 日至 2023 年 4 月 3 日定点垂向监测结果，五龙河冬季半月潮期间位于口门以外的取水口所在海域表层盐度均显著低于底层盐度，盐度差值平均为 4.11psu，底层盐度波动较表层平缓、幅度较小（图 0-26）。其中，大潮期和中潮期波动幅度较大，表层和底层盐度差值相对较小；小潮期盐度波动幅度较小，表层和底层盐度差值相对较大。

五龙河春季半月潮期间位于口门以外的取水口海域表层盐度均小于底层，盐度差值平均为 2.23psu（图 0-27）。其中，大潮期和中潮期海水盐度波动幅度大，表层和底层盐度差值相对较小，底层和表层随涨落潮波动同步；小潮期盐度波动幅度小，表层和底层盐度差值相对较大，底层落潮期盐度波动幅度较表层小。

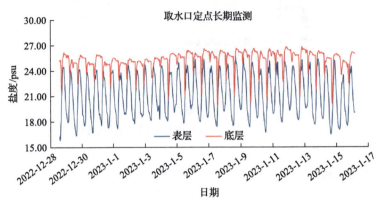

图 0-26　五龙河口冬季半月潮表层和底层盐度变化曲线图

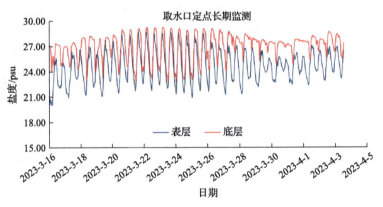

图 0-27　五龙河口春季半月潮表层和底层盐度变化曲线图

　　根据 2022 年 12 月 25 日至 2023 年 1 月 1 日大中小潮垂向监测结果(图 0-28、图 0-29)，五龙河口门以内(1 号站)和口门以外(2 号站)盐度均随水深显著增大，在一个潮周期内表层盐度变化剧烈，但底层盐度相对稳定。其中，口门以外同层盐度均高于口门以内，但口门以外盐度变化幅度小于口门以内，口门以外落潮时底层盐度高出表层可达 8.0psu、涨潮时底层盐度高出表层不到 2.0psu，口门以内落潮时底层盐度高出表层可达 6.5psu、涨潮时底层盐度高出表层不到 2.0psu。

　　因此，仅从五龙河枯水季节来看，无论半月潮还是单个潮周期内，口门附近均存在显著的河口盐度锋，口门内侧垂向平均盐度涨憩时低于外侧 3.0psu、落憩时低于外侧 5.8psu，分别高于表层 1.35psu、3.5psu；外侧底层盐度涨憩、落憩时分别高于表层 1.06psu、7.08psu；底层盐度不但高于表层，而且随时间变化幅度小，形成相对稳定的底部高盐水层。五龙河洪水季节径流量远大于枯水季节，河口盐度锋及其导致的盐度时空差异和影响范围较枯季更为显著。

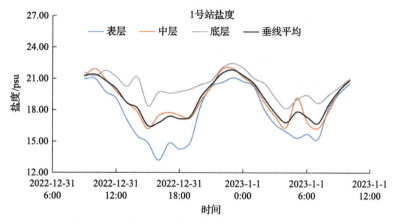

图 0-28　五龙河口口门内侧潮周期内盐度垂直变化

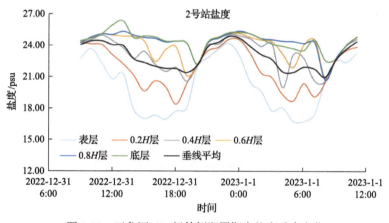

图 0-29　五龙河口口门外侧潮周期内盐度垂直变化

　　河口盐度锋在平面上表现为盐水舌。三维数值模拟得到的盐度平面分布结果显示，在拟建设淡化工程取水口、排水口所在的五龙河口门外海域，浓海水入海前冬季和秋季均存在自湾顶向下突出的低盐水舌和自湾口向上突出的高盐水舌，以冬季最为显著(图 0-30、图 0-31)。其中，低盐水舌轴部盐度低、两侧盐度高，轴部有自上游向下游往海湾西南岸偏转的趋势；湾口外海水进入海湾后形成的高盐水舌轴部盐度高、两侧盐度低，其轴部有自下游向上游往海湾东北岸偏转的趋势。排水口位于低盐水舌和高盐水舌交汇处，取水口位于低盐区。

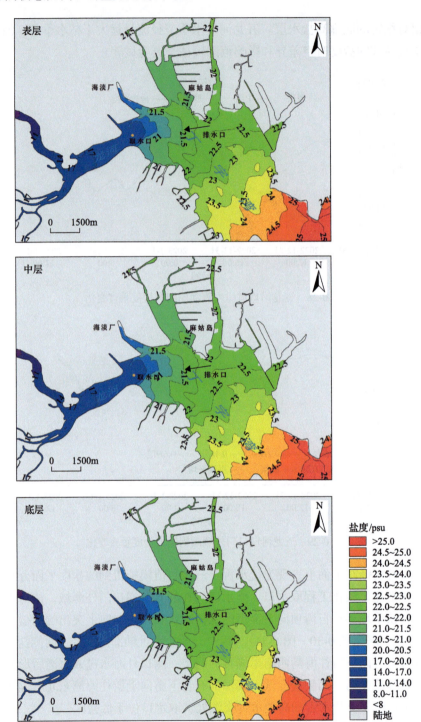

图 0-30　丁字湾冬季半月潮平均盐度平面分布(表层、中层、底层)

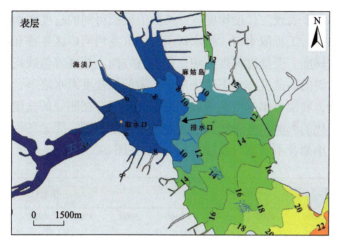

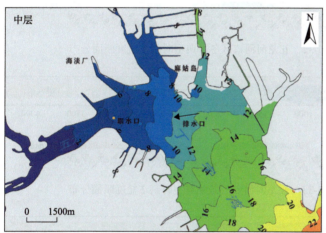

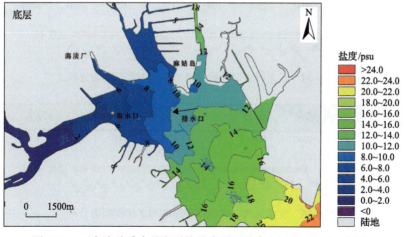

图 0-31　丁字湾秋季半月潮平均盐度平面分布(表层、中层、底层)

河口盐度锋在垂向上表现为盐度梯度。三维数值模拟得到的盐度剖面分布结果显示，浓海水入海前，工程取水口、排水口所在的五龙河河口区冬季和秋季均存在明显的垂向盐度梯度。受盐度梯度影响，在垂直方向上盐度等值线均自上游向下游倾斜，来自下游的高盐度海水下伏于来自上游的低盐度海水之下，盐度沿垂直方向混合不充分，底层海水盐度高于表层海水，其间存在明显的盐度垂直差异。受五龙河径流变化的影响，冬季锋面位置较秋季偏于上游，无论冬季还是秋季，锋面位置因大中小潮及不同潮时而迁移(图 0-32～图 0-35)。

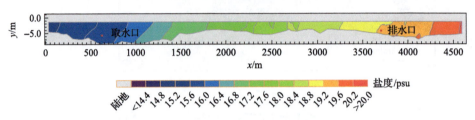

图 0-32　五龙河河口区冬季典型时刻 1 盐度断面分布

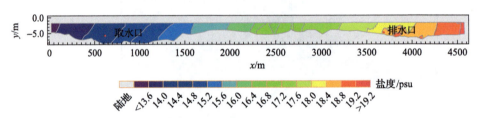

图 0-33　五龙河河口区冬季典型时刻 2 盐度断面分布

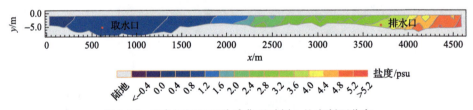

图 0-34　五龙河河口区秋季典型时刻 1 盐度断面分布

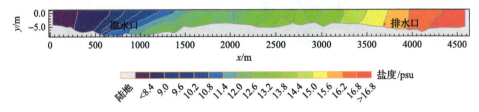

图 0-35　五龙河河口区秋季典型时刻 2 盐度断面分布

根据三维数值模拟结果，沿穿过取水口和排水口深泓线每隔 20m 取半月潮表层、底层盐度值，对不同位置盐度序列 M-K 检验发现，盐度变化呈非线性特征，不同季节、潮时盐度平面变化均存在明显突变。在突变检验基础上，对半月潮涨急、涨憩、落急、落憩时表层、底层盐度序列进行有序聚类分析，得到各个情景下盐度发生突变的位置，以冬季、秋季突变位置变化范围分别作为冬季、秋季河口盐度锋出现范围(图 0-36～图 0-38)。结果表明，冬季盐度锋主要出现于取水口下游，波动范围约为 1km；秋季盐度锋主要出现于取水口和排水口之间，波动范围约为 3km；冬季盐度锋波动范围下界和秋季盐度锋波动范围上界基本处于同一位置，没有出现重叠。

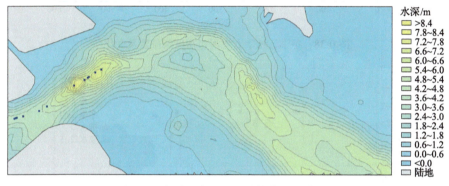

图 0-36　冬季五龙河口盐度锋位置及其变化

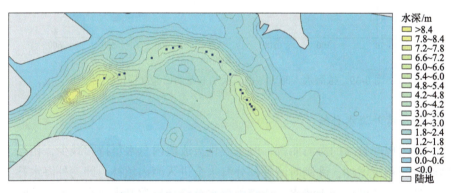

图 0-37　秋季五龙河口盐度锋位置及其变化

　　三维数值模拟结果显示，浓海水入海后，取水口、排水口所在的五龙河河口区冬季和秋季仍均存在明显的盐度锋，冬季和秋季半月潮均仍存在明显的自湾顶向下突出的低盐度水舌和自湾口向上突出的高盐度水舌，其盐度平面分布格局、轴部走向和季节动态没有发生根本性改变(图 0-38 和图 0-39)。浓海水入海后，拟建海淡工程排水口仍位于低盐水舌和高盐水舌交汇处，取水口仍位于低盐区，显示浓海水入海后扩散受到河口盐度锋过程的控制。

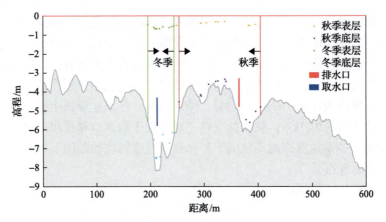

图 0-38 冬季、秋季五龙河口盐度锋位置及变化

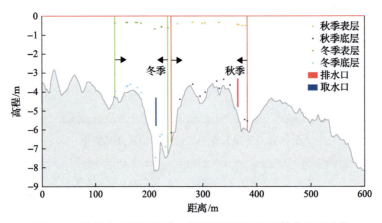

图 0-39 浓海水入海后冬季、秋季五龙河口盐度锋位置及变化

2.5.2 湾外海水补给

对封闭程度较高的海湾而言，海水淡化造成湾内总水量持续减少，相当于湾内纳潮空间相应增加，涨潮时湾外部分海水会进入湾内填补，即湾外海水补给。由于湾外海水盐度远高于淡水，故湾外海水补给会导致湾内海水盐度及其时空分布发生显著变化。如图 0-40 所示，因为丁字湾秋季径流输入量大，位于河口口门附近的取水口盐度很低，浓缩后的浓海水盐度较排水口低，故浓海水入海后未出现围绕排水口的 3.0psu 以上盐升区，仅在排水口西南侧出现了大面积 2.0psu 以上盐升区，但其与排水口周围海域之间为 1.0～2.0psu 盐升区。这说明丁字湾北岸海水淡化工程浓海水入海后出现的盐升不是浓海水本身造成的，而是由湾外海水补给导致的。

图 0-40　丁字湾秋季半月潮 2.0psu 盐升范围与排水口位置关系图

根据三维数值模型预测结果，冬季和秋季湾外海水平均盐度分别取值 28.0psu 和 27.0psu，而冬季和秋季半月潮期间湾内淡水减少量分别为 5132160m³ 和 7039872m³，据此得到 0.1psu 以上盐升区和湾外海水补给造成的平均盐度变化（表 0-4）。根据计算结果，湾外海水补给导致的 0.1psu 以上盐升区冬季、秋季半月潮平均盐升分别为 0.3639 和 0.2759psu，湾内分别为 0.8000psu 和 1.0539psu。

表 0-4　湾外海水补给造成的半月潮平均盐升

工况	0.1psu 以上盐升区		湾内盐升区	
	冬季	秋季	冬季	秋季
湾外海水补给导致盐升/psu	0.3639	0.2759	0.8000	1.0539
模拟计算得到盐升/psu	0.4106	0.3624	0.8544	1.0486

考虑到数值模拟计算误差，浓海水入海后丁字湾湾内冬季、秋季半月潮平均盐升与湾外海水补给导致盐升分别一致（表 0-4）。其中，湾内冬季和秋季盐升与模拟结果的差值分别为 –0.0544psu 和 0.0053psu，误差分别为 6.8%和 0.5%。这表明，浓海水入海后湾内海水盐度变化是由湾外高盐海水补给造成的，因为浓海水入湾并没有改变湾内原有海水中盐分总量，没有导致海湾总平均盐度变化。但是，浓海水入海导致原有盐分再分布，对湾内原有盐度分布格局及其动态有显著影响。

2.5.3　海湾水体交换

海湾水体交换能力可用水交换时间代表。考虑到丁字湾周边养殖池及附近潮沟总水量不到海湾总水量的 10%，而且可通过人工定期或不定期排入湾内，因此计算时没有考虑该部分水量。计算结果显示（图 0-41 和图 0-42），丁字湾冬季、秋季及季节不同部位水交换时间差异均较显著，冬季潮汐汊道水交换 80% 所需时间为 60 天左右，两侧潮滩和湾口附近水交换 80% 所需时间为 30～40 天，湾内水交换 80% 平均为 43.3 天；秋季潮汐汊道水交换 90% 所需时间为 50～60 天，两侧潮滩和湾口附近水交换 90% 所需时间为 30～40 天，湾内水交换 90% 平均为 36.2 天。

根据计算结果，丁字湾水体交换能力总体较强，其中秋季水交换能力又较冬季强、水交换周期较短，两个月计算期内秋季和冬季水交换比例分别可达到 90% 和 80%。本次计算中，秋季、冬季五龙河径流量取值为多年季节均值，考虑到五龙河径流季节变化、月变化幅度较大，计算所用流量偏保守，因此丁字湾秋季、冬季实际水体交换比率会明显大于 90%、80%。

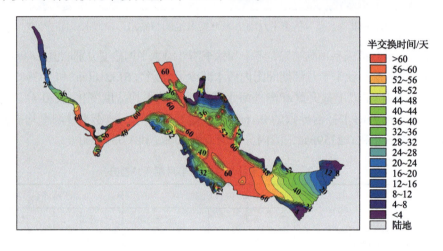

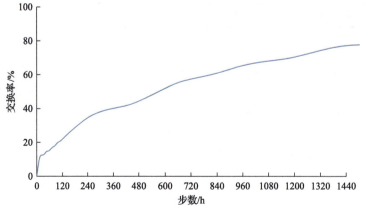

图 0-41　丁字湾冬季水体交换情况

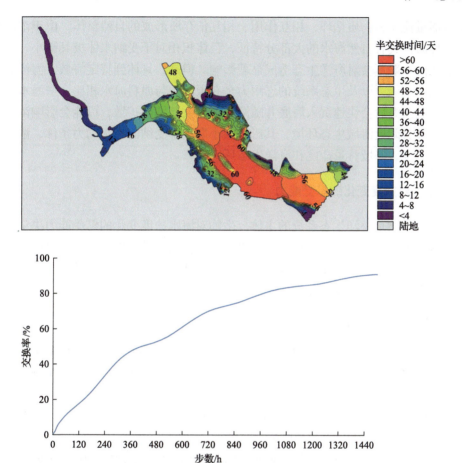

图 0-42　丁字湾秋季水体交换情况

　　如上所述，受湾外海水补给盐升效应影响，在一个半月潮期间，湾内冬季和秋季平均盐升约为 0.85psu 和 1.05psu。但是，根据水体半交换期计算结果估算，冬季 3 个半月潮内海湾水体交换率可达 80%以上，秋季 2.4 个半月潮内海湾水体交换率可达 90%以上。因此，受湾外海水补给和海湾自身水体交换影响，浓海水入海后海湾盐升变化具有显著的阶段性，湾内盐度持续上升一定时间即可达到基本稳定，此后受五龙河径流影响而发生季节变化和年际变化，湾内海水盐度不会持续升高。

3　浓海水入海对海洋生态的影响

　　海洋生态系统由 Tansley 于 1935 年首先提出，是指海域内生物与非生物因子通过能量流动和物质循环，相互作用、相互依存所形成的自然整体。由于浓海水理化性质仍具有自然海水的大部分特征，且体积相对于受纳水体极其微小，故浓海水入海一般不会对海洋生态造成显著影响。但是，具体到特定海域，海洋对浓海水的消纳能力以及生态系统的忍耐力是有限的。与原料海水相比，浓海水密度较大，其入海后会快速沉入海底并随潮流在较大范围内扩散，可能会影响浓海水排放口及其附近海域生态环境，其影响大小取决于受纳海域水动力条件、浓海水水量及盐度、海域背景盐度和海洋生态环境特征。

3.1 生物对盐度变化的忍受能力

海洋生物是海洋生态系统的主体，生物对海水盐度变化的忍受能力决定着浓海水入海的海洋生态影响程度。浓海水入海后受纳海域盐度变化对生物的影响是多方面的，其影响程度主要取决于盐度升高、盐度日变幅变化和盐升历时长短。另外，不同生物对盐度变化的忍受能力也有差异。

3.1.1 盐度升高

浓海水入海会导致受纳海域盐度升高，其对生态环境的影响程度取决于盐升程度和海洋生物对盐升的适应能力。在各种海洋生物中，底栖生物和海草对海水盐度变化较为敏感。例如，菲律宾蛤仔幼虫最适盐度为 23.0～35.0psu，11.0～47.0psu 盐度下 24h 存活率为 100%；稚贝适宜生长的盐度范围为 14.5～33.5psu，幼贝适宜生长的盐度范围为 9.36～34.16psu，而稚贝和幼贝在盐度 8.0～47.0psu 条件下 24h 存活率为 100%[15]。研究表明，高出原料海水盐度(30.4psu)8.2psu 的 38.6psu 浓海水注入胶州湾后，中肋骨条藻、柔弱角毛藻、尖刺拟菱形藻和海洋原甲藻等浮游植物生长并没有受到显著影响[16]。

自然海水盐度波动一般可达海水平均盐度的±10%，故海洋生物对海水盐度波动都有一定的自然适应性。因此，有学者认为盐升 10%可作为海洋生物对海水盐升忍耐力的保守估量。国外浓海水入海监测表明，大多数海洋生物群落能够忍受 2.0～3.0psu 盐升，有些甚至能够忍受高达 10.0psu 盐升，3.0psu 以下盐升对海洋生态没有影响。国际水回收利用和脱盐协会 2011 年出版的《浓海水管理白皮书》认为，"经过长期的项目实践表明，科学设计和有效管理的浓海水排放措施不会对排放点的周围环境造成危害，也不会对当地的海洋生物造成不利的影响"[17]。

海湾是天然的极端海洋系统，针对阿拉伯湾/波斯湾海洋生物与海水淡化工程浓海水关系的最新研究发现，海洋生物已经适应了高而多变的海湾盐度。研究表明，即使在最保守的气候变化预测情景下，气候变暖可能导致的海水盐度变化以及未来几十年海水淡化工程规模扩大导致的浓海水入海量增加对阿拉伯湾/波斯湾盐度升高的影响较小，而且盐度增加还会引起通过霍尔木兹海峡的海水通量增加，从而导致海湾水体的循环更新加快。因此，海水淡化工程浓海水入海导致的盐度变化不会对阿拉伯湾/波斯湾海洋生态环境产生影响[18]。

3.1.2　盐升历时

除盐升程度本身以外，浓海水入海对生物影响还与盐升持续时间即盐升历时有关。美国南加利福尼亚卡尔斯巴德(Carlsbad)和亨廷顿(Huntington)海岸海水淡化工程浓海水受纳海域年均盐度 33.5psu、最大盐度 36.8psu，该海域海洋生物可长期忍耐 40.0psu 以上盐度(盐升大于 3.2psu)，可短期忍耐超过 50.0psu 盐度(盐升大于 13.2psu)；室内试验物种在超过 50.0psu 盐度(盐升大于 13.2psu)下可存活 2 天，在超过 60.0psu 盐度(盐升大于 23.2psu)下可存活 2h。实验结果显示，海链藻(*Thalassiosira* sp.)在盐度 35.0psu 以下海水中可正常生长，当出现 5.0psu 盐升时生长相对缓慢，但 5 天后才开始出现负增长[19]。菲律宾蛤仔幼虫在盐度 11.0~47.0psu 下 24h 存活率为 100%，在盐度 32.0~41.0psu 下 48h 存活率 100%；稚贝和幼贝在盐度 8.0~47.0psu 下 24h 存活率为 100%，在盐度 14.0~38.0psu 下 48h 存活率为 100%[20]。

丁字湾位于五龙河入海处，受五龙河径流季节变化以及涨落潮过程影响，其本身背景盐度自然变幅较大，河口区特有海洋生物群落及其物种在长期演变和适应过程中能够忍受一定幅度和持续时间的盐度升降变化。根据丁字湾湾口内侧的丁字湾大桥站 2021 年 8 月至 2022 年 7 月定点监测数据计算结果，在一个半月潮周期内高出日最低盐度 3.0psu 以上的时数平均约为 27.58h。其中，冬季(12 月)半月潮期间(12 月 4 日至 19 日)日大于最低盐度 3.0psu 以上累计历时 59h，1 个潮周期内大于最低盐度 3.0psu 连续最长时间 5h。

3.1.3　盐度日变幅

海洋生物需持续进行渗透压调节以保持膨胀压力稳定，盐度季节变化对生物量和物种种类数量有显著影响，波动幅度增加会导致生物量降低、物种减少。如前所述，丁字湾背景盐度季节变幅较大，2021 年 8 月至 2022 年 7 月大桥站中层海水最高盐度为 31.43psu，最低为 17.73psu，变化幅度为 13.7psu；中层平均盐度最高为 30.77psu，最低为 23.88psu，变化幅度为 6.89psu。海洋生物可通过洄游、迁移、选择等适应季节性及更长时间尺度的盐度变化，目前湾内物种通过自然适应，已具备了对盐度季节变化的忍耐能力[21]。

受涨落潮过程的影响，河口区海水盐度具有显著的日变化，其变化幅度取决于径流量多少、潮汐强弱和纳潮量大小。与盐度时空变化微弱海域相比，河口区海洋物种一般具有较强的适应盐度日变化的能力[22,23]。研究表明，三疣梭子蟹幼蟹生长发育的适宜盐度为 15.0～31.0psu，但其能够较好地适应日变幅 4.0psu 的盐度渐变；从 27.0psu 骤变为 31.0psu 和 35.0psu 时 I 期幼蟹在 48h 内存活率均为 100%，其盐度骤升幅度分别为 4.0psu 和 8.0psu[24]。另外，盐度周期性波动能显著刺激鱼类的同化作用，一定范围内的盐度波动可以加快河口鱼类生长[25]。在盐度 30.0psu 背景下周期性 4.0psu（±4.0psu）盐度波动能够加快中国明对虾稚虾生长[26]。

如上所述，海水淡化工程取排水后，一方面海湾内部原有盐分时空分布发生变化，另一方面湾外海水持续补给湾内淡水减少导致的海湾纳潮空间增大，必然会影响湾内海水盐度日变幅。因此，在分析浓海水对受纳海域海洋生物及海洋生态的影响时，应分析浓盐水入海后盐度日变幅变化及其对海洋生物的影响。

3.2 生态系统对盐升的忍受上限

海洋生态系统对盐升的忍受上限是确定浓海水入海盐度控制标准的重要依据。目前，我国尚没有强制性的浓海水入海盐度控制标准。《海水淡化利用发展行动计划（2021—2025 年）》提出："明确浓盐水处置要求。提高海水资源开发水平，保护海洋生态环境。鼓励具备条件的地区和企业因地制宜推进海水淡化浓盐水综合利用。完善浓盐水入海相关标准规范。按照环境影响评价要求，浓盐水可采取混合稀释、加速扩散等方式处置后入海。开展浓盐水入海海域水动力、海水水质、海洋生态环境特征指标等的长时间序列动态监测，建立企业监测、地方监管、部门监督的监测监管体系。"

国外也尚未有统一的浓海水入海盐度标准。有些国家（地区）允许浓海水可以直接作为地表水入海，有些国家（地区）要求浓海水入海前应使用原料海水或其他水体适当稀释以降低盐升；大部分国家（地区）要求排放混合区边界处盐升不能超过 1.0～4.0psu，多数要求不超过 2.0psu；部分国家（地区）还要求浓海水盐度不超过 40.0psu（表 0-5）。在浓海水入海管理实践中，不同淡化工艺、浓海水排放量、受纳水体水动力条件、生态环境等均会影响浓海水入海管理要求，因此不同国家（地区）的不同淡化企业排放标准差异很大。

表 0-5　部分国家（地区）浓海水入海盐度标准

国家（地区）	排放要求	站位要求	资料来源
美国	盐升≤4.0psu		[27]
加利福尼亚州，卡尔斯巴德	盐度≤40.0psu	304.8m	[28]
加利福尼亚州，亨廷顿海滩	盐度≤40.0psu	304.8m	[29]
西班牙	盐升≤2.0psu	混合区边界	[30]
澳大利亚，珀斯	50m 内盐升≤1.2psu 1km 内盐升≤0.8psu	50m，1000m	[27]

国家(地区)	排放要求	站位要求	资料来源
澳大利亚，悉尼	盐升≤1.0psu	50m~75m	[31]
澳大利亚，黄金海岸	盐升≤2.0psu	120m	[31]
西澳大利亚	盐升<5%		[27]
西澳大利亚，奥卡吉港口	盐升≤1.0psu	50~3000m	[32]
沙特阿拉伯	盐升<5%	混合区边界	[27]
阿曼	盐升≤2.0psu	300m	[33]
日本，冲绳	盐升≤1.0psu	混合区边界	[27]
以色列，阿什凯隆	盐升<5%	0~500m	[27]
阿联酋，阿布扎比	盐升≤5%	混合区边界	[34]

目前全球已经建成在运的海水淡化工程中，中东海湾国家和北非地区贡献了近六成淡化产能，其大多数淡化工程将浓海水直接注入海洋，其中近 50% 浓海水注入距海岸线 1km 以内海域，近 80%浓海水注入距海岸线 10km 以内海域，目前暂无浓海水入海造成重大海洋生态环境破坏的报道。阿联酋阿布扎比塔维勒(AI Taweelah)海水淡化项目为目前全球最大的海水淡化工程，日产水量 9×10^5t，产生的浓海水直接入海，但迄今未有造成海洋生态环境影响的报道[35]。

根据国内外现有浓海水入海生态影响监测结果，考虑我国近岸海域海水背景盐度和生物忍耐盐升能力，尤其是河口特有物种对盐升的忍耐能力，根据我国海水淡化产业发展实际，参照大多数国家(地区)浓海水排放混合区的盐度控制标准，从有利于海洋生态系统健康稳定的保守角度考虑，我们把 3.0psu 盐升作为海岸海洋生态系统忍受盐升的上限临界值，即在此幅度以下盐升对海洋生态系统影响较小。但是，在实际浓海水入海管理和生态系统影响评价中，还需要根据不同海域的盐度背景、生态系统，尤其是盐度敏感物种耐盐特征、盐升引起的水质参数变化及其生态环境影响具体确定。

3.3　浓海水入海对生态环境的影响

浓海水入海对海洋生态系统的影响是多方面的，本书主要讨论浓海水入海后海水盐度变化对水质、沉积物、生物、渔业资源、海水养殖品种和滨海湿地的直接影响。根据数值模拟预测结果，总体上看，除排放口附近小范围盐升程度较高外，丁字湾北岸淡化工程浓海水入海后盐升程度较低，大部分区域盐升在 3.0psu 以下且历时较短，浓海水入海对丁字湾海洋生态环境影响较小[36]。

3.3.1 对水质的影响

结合丁字湾海洋生态环境现状，本书在讨论浓海水入海对海水水质影响时，主要关注盐度变化对海水 pH、海水透明度以及因原料海水浓缩导致的无机氮和化学需氧量(COD)变化。

1. 海水 pH

浓海水入海除通过盐度变化影响受纳海域海水水质外，还影响海水 pH。研究表明，随着海水盐度增加，海水中离子强度增大，碳酸的电离度则随之降低，从而导致氢离子活度系数及活度均减少，即海水 pH 随盐度增加而略微增加。本项目海水淡化工程浓海水入海会导致丁字湾海域海水盐度发生不同程度增加，从而会引起 pH 相应增加，但因为盐升幅度没有超过丁字湾盐度自身日变幅、季节变幅和空间盐度梯度，其导致的海水 pH 变幅应均在海湾原有生物忍耐范围之内。

有证据表明，在过去 200 年时间里，全球海洋表层海水的 pH 平均值存在显著减小的趋势，从工业革命开始时的 8.2 下降到目前的 8.1，海水酸化趋势明显。据联合国政府间气候变化专门委员会(IPCC)预测结果，到 2100 年，全球海洋表层海水的 pH 平均值将会持续下降 0.3~0.4；到 2300 年，全球海洋表层海水的 pH 平均值有可能会下降约 0.5。因此，海水淡化工程浓海水入海带来的 pH 增加在一定程度上可缓解丁字湾海域未来海水酸化趋势。

2. 海水透明度

入海浓海水盐度较高，一般具有较大的出流速度，其密度也显著高于受纳海域海水密度，因此浓海水入海后形成具有负浮力的射流，首先撞击排放口附近海底，然后以低混合率的重力流形式扩散(图 0-43)。这种重力扩散运动导致排放口

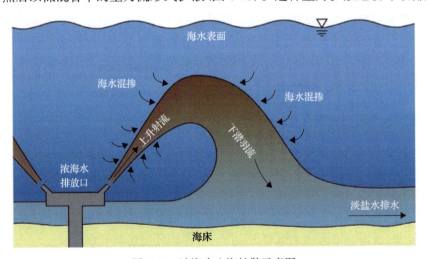

图 0-43 浓海水入海扩散示意图

附近海域发生海水密度分层，进而影响海水透明度，阻止光的穿透并导致光合作用减弱，降低海水初级生产力，扰乱原有的海洋生物链系统，可能造成部分海底物种、幼虫和幼小个体的死亡。根据数值模拟预测结果，海水淡化工程浓海水入海后形成的高盐度海水锥体仅限于排放口周边 50m 范围内，浓盐水入海对海水透明度的影响范围极其有限，对海洋生物的影响较小。

3. 无机氮

海洋中无机氮外源输入途径主要包括河流径流、大气沉降和海底沉积物释放，其中河流输入在近海海域无机氮各来源中占主导地位[37]。河流无机氮的输入受陆域人类活动影响显著，短期内大量氮化物输入河口和近岸海域，改变了河口生态系统氮循环，会导致水质恶化。丁字湾海水无机氮浓度受五龙河径流影响显著，河流输入无机氮是海湾中无机氮主要来源。但由于无机氮入海后可通过生物过程进入海洋生物食物链和食物网，同时可随海流输运到外海，使得丁字湾内无机氮浓度降低。

海水淡化工程浓海水入海没有增加海湾内无机氮总量；另外，丁字湾外海域海水无机氮浓度较低，湾外海水入湾补给过程导致湾外无机氮含量较低的海水进入海湾，对湾内无机氮起到一定程度的稀释作用。但是，浓海水入海后丁字湾无机氮时空分布会发生变化，在排放口周边海域最为显著，不过仅限于排放口附近几十米范围海域内，与周围水体存在较大梯度，对周围水体无机氮浓度变化影响较小。

研究表明，无机氮浓度升高会改变海水营养盐结构，导致 N/P 和 N/Si 比值增高[38]。另外，无机氮浓度升高引起的营养盐变化可能通过影响浮游植物光合作用，进一步改变不同形态营养盐浓度及结构。海水淡化工程浓海水盐度及盐升较低，浓海水入海导致的海水无机氮浓度变化幅度较小；再加上丁字湾是磷限制海域，局部海域小幅度无机氮浓度升高对浮游植物的生长影响较弱。因此，海水淡化工程浓海水入海导致的无机氮浓度变化，对丁字湾海水营养盐浓度及结构的影响有限[39-42]。

4. COD

COD 主要表征海水受有机污染的程度，其不仅可以为海洋生物提供营养物质，过高的 COD 可导致海洋富营养化，另外 COD 分解过程会消耗海水中的氧气，造成海洋低氧现象。海洋中 COD 外源输入途径包括河流输入和沉积物释放，其中河流输入在近海海域 COD 各来源中占主导地位。丁字湾受五龙河径流影响显著，河流输入的 COD 是海湾中 COD 的主要来源。但由于 COD 进入海水后可通过生物过程氧化分解，同时可随海流输运到外海，使得丁字湾内 COD 浓度降低。

海水淡化工程浓海水入海没有增加海湾内 COD 总量；另外，丁字湾外海域海水 COD 浓度较低，湾外海水入湾补给过程导致湾外 COD 含量较低的海水进入海湾，对湾内 COD 起到一定程度的稀释作用。但是，浓海水入海后丁字湾 COD 时空分布会发生变化，在排放口周边海域海水 COD 有一定程度升高，不过仅限于排放口附近几十米范围海域内，与周围水体存在较大梯度，对周围水体 COD 浓度变化影响较小。因此，海水淡化工程浓海水入海导致的 COD 浓度变化对丁字湾海水溶解氧浓度的降低影响有限[43-46]。

3.3.2　对沉积物的影响

1. 沉积作用

海水盐度变化可通过絮凝作用影响泥沙沉降。当海水盐度较低时，盐度增大有利于悬浮泥沙颗粒间相互黏结，导致絮团粒径增大。但是，当盐度过大时，可能引起颗粒表面电动电位符号的逆转，不利于颗粒黏结。研究表明，不同海域最佳絮凝盐度值存在一定差异，长江口悬浮泥沙最佳絮凝盐度为 3.0～16.0psu，钱塘江口悬浮泥沙最佳絮凝盐度则是 15.0psu[47-50]。

泥沙沉降后固结作用也受盐度影响。当海水盐度值小于 20.0psu 时，新沉积土固结强度和固结速率受盐度影响不显著；当盐度值超过 20.0psu 后，沉积物固结强度和固结速率随着盐度值增大而显著增大。研究表明，在海水盐度值超过 20.0psu 时，盐度值每增加 1.0psu，黄河口新成沉积物贯入阻力强度比值最大可增加 15 倍，沉积物固结速率比值最大可增加 1.23 倍；盐度越大，新沉积土强度硬层的厚度越大[51,52]。

丁字湾位于五龙河河口地区，受五龙河径流和涨落潮作用的影响，其海水盐度具有显著的季节变化和日变化。如上所述，海水淡化工程浓海水入海并没有显著改变丁字湾海水盐度的季节变化和日变化，因此其对海水悬浮泥沙絮凝作用影响不大。另外，最近 100 年来丁字湾总体处于淤积趋势，海水淡化工程浓海水入海导致的 3.0psu 以下盐升不会对泥沙固结作用产生显著影响。

2. 泥沙再悬浮

浓海水入海后极易形成海水盐度分层，即高密度的浓海水沿海底成层扩散形成盐度垂直差异。而水体密度的垂直差异造成了水体浮力的不稳定性，进而消耗水体紊动能，表现为紊动受抑制，即盐度层化对水体产生紊动抑制作用，且盐度梯度越大，水体紊动抑制程度越大。因此，盐度垂直分层将改变悬沙运动过程，抑制悬沙垂向扩散作用，这也是泥沙在河口聚集的重要机制。另有研究表明，在河口等盐度较低的区域，沉积物抗侵蚀性较弱，易发生侵蚀再悬浮，而随着与河口区距离增加，海水盐度升高，该区域沉积物抗侵蚀性也相应增强[53]。

如上所述，海水淡化工程取水口、排水口所在的五龙河河口区冬季和秋季均存在明显的河口盐度锋，盐度沿垂直方向混合不充分，底层海水盐度高于表层海水，其间存在明显的盐度垂直差异。三维数值模拟结果显示，浓海水入海后，取水口、排水口所在的五龙河河口区冬季和秋季仍均存在明显的盐度锋，其盐度平面分布格局、轴部走向和季节动态没有发生根本性改变，仅在排水口周围 15～20m 范围内冬季形成高盐度锥状水体、秋季形成低盐度杯状水体，对丁字湾原有盐度垂直层结影响有限。因此，浓海水入海对丁字湾泥沙再悬浮的影响较小。

3. 沉积物质量

浓海水入海对底质中污染物吸附解吸的影响主要分两类：一是海水盐度升高直接影响吸附解吸，机理在于海水盐度增加不同程度破坏了胶体体系状态，使之产生絮凝现象；二是通过增加沉积物盐度影响吸附解吸，例如，沉积物盐度增加后降低了对磷的吸附，且随盐度增大吸附量呈减小趋势，机理在于盐度增大后沉积物中氯离子、硫酸根离子、碳酸氢根离子、碳酸根离子等含量增多，这些阴离子会与磷酸根离子竞争吸附，从而使沉积物对磷的吸附量减小。此外，随着海水盐度的增加，沉积物中的固相有机质量增加，进而显著增强沉积物吸附污染物(尤其有机污染物)的能力。研究表明，盐度从 4.0psu 变到 10.0psu 时各级土样对四氯苯的吸附百分率有所加大，但吸附百分率变化不大于 10%[54-56]。

因此，海水淡化工程浓海水入海后丁字湾沉积物中的污染物(尤其有机污染物)含量可能会有所增加，但是浓海水入海后丁字湾海水盐度升高程度绝大部分区域在 3.0psu 以下，其对沉积物吸附解吸能力的影响有限，对沉积物质量的影响较小。另外，浓海水入海后出现的盐升会增加沉积物盐度，从而降低了沉积物对磷的吸附，海水中磷的含量相应会有所增加，有助于缓解丁字湾海水磷限制对海洋初级生产力的抑制作用。

3.3.3　对生物的影响

拟建设丁字湾北岸海水淡化工程浓海水入海导致的盐升程度较低，大部分区域盐升在 3.0psu 以下，而且盐升历时较短。因此，总体上看，浓海水入海扩散后出现的盐升对丁字湾海洋生物的影响较小，但对不同生物的影响差异显著。

1. 浮游植物

浮游植物对盐度升高较敏感，极易受到浓海水入海影响。一是细胞因脱水而死亡。盐度升高增加了海水离子浓度，细胞内外会产生渗透压，水分通过渗透流出，从而改变细胞内环境，导致细胞收缩、死亡。二是细胞因物质吸收受干扰阻断而死亡。细胞的物质交换过程受到外部环境物质浓度、纯度等直接影响，盐度升高极易导致细胞吸收环境受到干扰或阻断，最终引起细胞生命活性受到抑制甚至死亡。三是在高盐情况下部分盐分会随着细胞生命活动进入其内部，破坏内部生物化学反应进程，俗称中毒。此外，浓海水还会导致海水透明度减小、浊度增加，影响浮游植物光合作用。浮游植物对外部生活环境的盐度变化有一定适应范围，在适应范围内又存在生长繁殖最快的最佳盐度范围，但一旦超过适盐范围，过高的盐度对细胞会造成伤害，直至死亡。

因此，海水淡化工程浓海水入海后，排放口附近浮游植物生长速度下降、数量减少、生物多样性降低。浮游植物是海洋食物网的基础，其变化将导致浮游动物随之改变。但是，由于海水淡化工程浓海水入海量和入海后出现的盐升幅度均较小，秋季在排水口周边出现低盐度杯状水体，仅冬季在排水口周边地区出现高盐度锥状水体，但其范围仅限于排水口周边20m以内，故浓海水入海对浮游植物的影响范围有限。

2. 浮游动物

海水盐度对浮游动物分布、群落组成有直接影响，盐度过高会引起浮游动物生物量降低和种类减少，而多样性指数降低会使浮游动物群落向耐盐类型方向演替。其中，浮游动物幼体对高盐的耐受性差，适盐范围窄，对盐度升高尤为敏感。另外，不同浮游动物对盐度变化的忍耐程度不同，同种浮游动物在不同发育阶段的适盐范围也有差异，如桡足成体适盐范围要大于幼体，贝类浮游幼虫小于稚贝。

如上所述，海水淡化工程浓海水入海后丁字湾的盐升程度较低，大部分区域在3.0psu以下，且盐升历时较短，故对丁字湾内大部分海域浮游动物的影响不大。排放口附近盐度较高，出现3.0psu以上盐升区，会影响排放口附近浮游动物的生存，但其影响范围较小，再考虑到浮游动物可以通过逃逸来规避盐度升高的影响，因此海水淡化工程浓海水入海对丁字湾浮游动物影响有限。

3. 游泳动物

1) 鱼类

盐度升高会增加海水渗透压，从而引起鱼体对渗透压的调节。鱼类的盐度忍耐能力取决于其对机体渗透压调节、代谢的重新调整和能量的重新分配等，海水盐度过高会影响鱼类受精卵细胞内外物质平衡，导致卵细胞受到损伤或破裂，孵化率降低，仔鱼畸形率也将随之增加。另外，高盐度还能改变鱼卵的比重，如鲍状黄姑鱼受精卵在盐度26.9psu以下海水中呈沉性，在盐度40.7psu以上海水中呈浮性[57,58]。

丁字湾属于受五龙河口影响的溺谷河口潮汐汊道海湾，其海水背景盐度分布空间差异本身就很大，适应盐度分布差异，不同耐盐能力的鱼类均可在湾内繁殖生长。研究表明，生活在河口、潮间带等背景盐度日变幅较大区域的鱼类可以通过调节渗透压很好地适应盐度变化，属于广盐性鱼类。例如，鲈鱼生存盐度为0～

35.0psu，其胚胎和仔鱼发育的适宜盐度为 19.0～28.0psu。此外，当局部海域盐度发生变化时，鱼类可借助其游泳能力在湾内其他海域选择适宜的栖息地，进行回避性盐适应[59,60]。

另外，突出于海底的排放口头部有一定的人工鱼礁效应，为鱼类提供了新的栖息地，再加上排放口附近浓海水和海水混合作用能够带来更丰富的营养和食物，这些原因可引起浓海水排放口附近鱼类增加(图 0-44)[61]。同时，浓海水排放时的射流作用可局部改善底部水层含氧条件，促进底层水体循环，有利于动物群落维持稳定，甚至增加鱼类种类和数量。

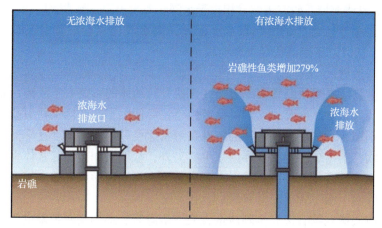

图 0-44　浓海水入海前后岩礁性鱼类变化示意图

2) 虾蟹类

丁字湾常见虾蟹类主要包括口虾蛄、脊尾白虾、三疣梭子蟹、锯缘青蟹和中华虎头蟹等。有研究表明，口虾蛄的生存盐度范围为 20.0～40.0psu，适宜盐度范围为 24.0～36.0psu，最适生长盐度为 32.0psu 左右；存活低盐极限在突变状态下为 16.0psu、渐变状态下为 12.0psu，高盐极限在突变状态下为 44.0psu、渐变状态下为 46.0psu。脊尾白虾为广盐性虾类，在 5.0～30.0psu 水体中可正常生长且成活率无显著差异，盐度为 20.0psu 时特定生长率最高。三疣梭子蟹是广盐性蟹类，适宜盐度为 10.0～35.0psu，最适盐度为 25.0～30.0psu。锯缘青蟹的适宜盐度范围是 23.0～35.0psu，在盐度为 27.0psu 时成活和生长情况最好，当盐度达到 39.0psu 时其幼体在实验初期便大量死亡。中华虎头蟹的适宜盐度范围为 25.0～35.0psu，最适盐度为 30.0psu，当盐度达到 55.0psu 时虽仍能存活，但其摄饵量和存活率均显著降低[62-64]。

如上所述，受五龙河径流影响，丁字湾海水盐度的时空分布差异很大，不同耐盐特性的虾蟹类均可在湾内生存。另外，本海水淡化工程浓海水入海后丁字湾的盐升程度较低，大部分区域在 3.0psu 以下，且盐升历时较短，对丁字湾内海域虾蟹类的影响不大。虽然排放口附近盐度较高,出现 3.0psu 以上盐升区,可能会影响排放口附近虾蟹类的生存,但其影响范围较小,再考虑到虾蟹类可以通过逃逸来规避局部海域盐度升高的影响,因此海水淡化工程浓海水入海对丁字湾虾蟹类影响有限。

3)头足类

丁字湾头足类动物主要为日本枪乌贼,属喜盐性种类,适应盐度不低于 27.0～28.0psu,且具有快速游泳能力。山东近海枪乌贼类分布具有明显季节变化,其生长主要受海水温度和水深影响,集中分布在海水表温 16℃、表盐 31.2～32.5psu 和水深 40m 以浅海域。研究表明,相较于水深和海水表温,海水表层盐变化对枪乌贼类甚至是整个头足类的影响较小。因此,海水淡化工程浓海水入海后出现的 3.0psu 以下盐升对丁字湾头足类影响较小[65]。

4)底栖生物

底栖生物最易受浓海水入海影响,且盐升对幼体的影响大于成体,而底栖种群会因幼体大量死亡而衰退,群落稳定性也将降低。不同底栖生物对盐度升高的忍耐能力不同,对盐度变化敏感的物种在海水盐度升高后其丰度会降低,从而引起底栖生物群落组成改变和多样性减少。另外,盐度增加会引起水体垂直分层。由于浓海水的密度相对较高,其在入海后会沉入海底并形成高盐区域,使底栖生物因细胞脱水、组织膨压降低而死亡。

丁字湾底栖生物有饭岛全刺沙蚕、大沽全海笋、那不勒斯膜帽虫、青岛文昌鱼、菲律宾蛤仔、海湾扇贝、阳遂足、软大螺赢蜚等。其中,大沽全海笋在 20.20～32.74psu 可正常生活[66]。青岛文昌鱼胚胎正常发育盐度为 21.0～33.0psu,最适盐度为 24.5～30.2psu;成体适宜生长盐度在 21.0～31.6psu,低于 15.0psu 时无法生存[67,68]。菲律宾蛤仔最适盐度为 23.8～34.8psu,其蛤仔幼虫适宜盐度为 23.0～35.0psu,稚贝适宜盐度为 14.5～33.5psu,幼贝适宜盐度为 9.36～34.16psu;幼虫在盐度为 11.0～47.0psu 条件下 24h 存活率 100%,32.0～41.0psu 条件下 48h 存活率 100%;稚贝和蛤仔幼贝在 8.0～47.0psu 条件下 24h 存活率 100%,14.0～38.0psu 条件下 48h 存活率 100%。海湾扇贝为广盐性物种,可以在 16.0～42.0psu 条件下生存,最佳盐度范围为 20.0～35.0psu[69]。因此,海水淡化工程浓海水入海后 3.0psu 盐升和排放口周边数十米范围内的高盐度锥体对丁字湾底栖生物影响较小。

5)潮间带生物

丁字湾潮间带生物中,冬季优势种为短滨螺、疣荔枝螺、黑荞麦蛤和绒螯近方蟹;春季优势种为短滨螺、长牡蛎、疣荔枝螺、文蛤、白脊藤壶和绒螯近方蟹;夏季优势种为短滨螺、疣荔枝螺、白脊藤壶和绒螯近方蟹;秋季优势种为短滨螺、疣荔枝螺、长牡蛎和绒螯近方蟹。其中,疣荔枝螺在盐度为 15.0～18.0psu 时部分或全部关闭贝壳,15.01～28.19psu 时耗氧率逐渐增大,28.19psu 时出现峰值后开始下降，盐度33.0psu与21.0psu时耗氧率相近，但在盐度37.0psu条件下仍可存活[70]。绒螯近方蟹最适盐度25.0～31.0psu[71]。长牡蛎最适生存盐度为15.0～35.0psu，最适生长盐度为25.0～35.0psu[72]。文蛤浮游幼体期最适盐度为15.9～22.6psu，其成活率、变态率和生长速度皆最高，而在盐度41.5psu海水中不能存活[73]。海水淡化工程浓海水入海后大部分区域盐升在3.0psu以下，且盐升历时较短，因此对丁字湾潮间带生物影响较小。

4. 渔业资源

冬季丁字湾渔业资源有矛尾虾虎鱼、鲮、黄鲫、花鲈、纹缟虾虎鱼、口虾蛄、疣背宽额虾、脊尾白虾、三疣梭子蟹、豆形拳蟹、鲜明鼓虾等；春季有短吻红舌鳎、赤鼻棱鳀、黄鮟鱇、六丝矛尾虾虎鱼、细纹狮子鱼、大泷六线鱼、红狼牙鰕虎鱼、白姑鱼、方氏云鳚、黄鲫、中华栉孔鰕虎鱼、双斑蟳、戴氏赤虾、口虾蛄、日本鼓虾、葛氏长臂虾、鹰爪虾、日本枪乌贼、双喙耳乌贼等，还检测到一定数量鱼卵和仔鱼。如上所述，海水淡化工程浓海水入海后大部分区域盐升在3.0psu以下，对丁字湾渔业资源影响较小。

3.3.4　对海水养殖的影响

丁字湾海水养殖包括围海养殖和开放式养殖。围海养殖分布在海湾内部周边高位潮间滩涂，主要养殖品种为南美白对虾、日本对虾、三疣梭子蟹等，取水方式为明渠自然纳潮加水泵抽水。南美白对虾春季(4月份、5月份)取水一次，10月收虾后集中排水一次；日本对虾养殖前期(幼苗期)基本不排水，后期2～3天换水一次；三疣梭子蟹1～5天换水一次；刺参需每天换水。开放式养殖主要分布在丁字湾湾外，以底播养殖和筏式养殖为主，湾内较少。

1) 日本对虾

研究表明，当盐度为10.2～26.9psu时日本对虾的幼虾生长效果最佳，盐度为20.3psu时增长率和增重率为最大，成体在25.0～30.0psu生长较好，海水盐度在30.0psu以下不会对日本对虾生长和生活产生影响。日本对虾养殖区主要位于丁字湾北部周边高滩，养殖取水区位于近岸潮沟，背景盐度受沿岸小河排水影响，均远在28.0psu以下，海水淡化工程浓海水入海后该区域盐升仅在2.0psu左右，对日本对虾养殖影响较小。

2) 南美白对虾

海水盐度对南美白对虾的影响主要与渗透压调节有关，在盐度较高水体中，对虾为维持体内渗透压平衡，需要失去部分水分，体内保留较多的游离鲜味氨基酸，故高盐水体养殖的南美白对虾味道较鲜美。南美白对虾的生存盐度范围较广，其最适生长盐度为14.0～22.0psu，20.0psu时生长最好，但40.0psu盐度仍可生存。40.0～45.0psu高盐水养殖南美白对虾结果显示，高盐度虽然降低了生长速度，但也降低了发病率、延长了生长期，使虾体表光洁、肉质紧凑、口味鲜美、营养丰富。因此，海水淡化工程浓海水入海后周边高滩区出现的 2.0psu 左右盐升，不会影响南美白对虾养殖，甚至对改进对虾品质有利[74,75]。

3) 三疣梭子蟹

三疣梭子蟹适宜生长盐度范围为 25.0～30.0psu，在此环境下三疣梭子蟹摄食量大，存活率高。其中，在盐度 20.0psu 下三疣梭子蟹平均摄饵量最高，在盐度 25.0psu 下生长速度最快。盐度 20.0psu 和 25.0psu 下三疣梭子蟹的蜕壳同步性较好，高盐(35.0psu)抑制三疣梭子蟹新壳的硬化。因此，在盐度 30.0psu 下三疣梭子蟹可以正常生长、生活。丁字湾三疣梭子蟹养殖区主要位于湾口内侧的西北岸，海水淡化工程浓海水入海后养殖取水海域的盐升仅在 1.0psu 左右，对三疣梭子蟹养殖影响较小[76]。

4) 刺参

刺参体液渗透压可随水环境的渗透压而变化，对盐度变化非常敏感，当盐度升高时身体会大量失水甚至死亡，被视为淡化厂对海洋生态环境影响强弱的标记物种。通过体腔液量调节和等渗透压的细胞内调节，刺参可以在盐度 20.0～36.0psu 范围内存活，盐度超过 32.0psu 时刺参体内渗透压与水环境渗透压相近，需消耗能量以调节渗透压，因此会影响刺参生长[77]。丁字湾刺参养殖区位于湾口部位西南岸，背景盐度均在 30.0psu 以下，海水淡化工程浓海水入海后养殖取水海域盐升仅在 1.0psu 左右，不会对刺参养殖产生影响。

5) 围塘养殖取水

浓海水入海及排水构筑物会对排水口附近海域流速、流向、水位等产生一定影响。三维数值模拟计算结果显示，半月潮期间自排水口至取水口呈现出水位递降的变化趋势，其中排水口平均升高 1.5cm，取水口平均降低约 1.0cm，取水口、排水口之间平均水位差(冬季 1.6cm、秋季 2.5cm)远小于湾口半月潮平均潮差(冬季 2.02m、秋季 2.07m)；沿深泓线排水口至取水口距离约 2.8km，其形成的取排水口之间附加水面比降仅为 0.0089‰。

丁字湾流场主要受潮流和径流影响，浓海水入海引起的局部水位变化对海湾流场、纳潮空间的影响可忽略不计。丁字湾围塘养殖均分布于标高较大的高滩部位，通过明渠(潮沟)自然纳潮加水泵抽水，淡化工程浓海水入海引起的潮流流速、流向、盐度分层和水位变化主要位于潮汐汊道内，对养殖取水口所在潮沟尾闾水动力条件及泥沙输运、地貌冲淤没有影响。

浓海水入海后盐度升高扩散范围与养殖区叠置显示，冬季浓海水入海后丁字湾北部对虾养殖区取水口附近盐度有所升高，最大盐升为 2.0psu 左右，半月潮内 2.0psu 盐升历时小于 150h；秋季 2.0psu 盐升均不会影响养殖区取水。如上所述，这样的盐升及其变化对对虾生存、生活和生物质量均无影响。海参和三疣梭子蟹养殖区均位于湾口附近，海水淡化工程浓海水入海导致的盐升在该区域仅为 1.0psu 左右，对海参和梭子蟹养殖不会产生影响。因此，海水淡化工程浓海水入海不会对围塘养殖取水水质产生影响。

3.3.5　对滨海湿地的影响

丁字湾沿岸分布有大面积滨海湿地，主要植物有赤碱蓬、芦苇、大叶藻、虾海藻、羽藻等。研究表明，盐地碱蓬种子发芽临界盐质量分数为 0.6%，过高盐质量分数会对盐地碱蓬种子发芽产生抑制作用，表现为发芽率降低、时间延长，集中发芽期从盐度 0.8% 以下的 2~5 天延长到 1.0% 的 4~6 天，1.4% 时推迟到 5 天以后，1.6% 以上则推迟到 7 天以后[78]。大叶藻实生幼苗盐度耐受范围为 15.0~45.0psu，结合幼苗存活率、形态学特征和生长率的适宜性，适宜生长盐度 20.0~30.0psu，最适生长盐度仅 20.0psu[79]。羽毛藻适宜生长盐度 25.0psu 左右，在盐度 15.0psu、20.0psu 和 30.0psu 下无显著差异[80]。

丁字湾滨海湿地是缢蛏、泥蚶、菲律宾蛤仔、四角蛤蜊、日本镜蛤、光滑河蓝蛤、沙蚕等的栖息地，也是中国对虾、三疣梭子蟹、梭鱼、花鲈等的产卵场。研究表明，缢蛏是广盐且偏低盐贝类，当盐度为 6.0~30.0psu 时缢蛏耗氧率和排氨率均逐渐增大，22.0psu 时出现峰值后开始下降[81]。沙蚕耗氧率在 20.0~34.0psu 范围随盐度增加而升高，34.0psu 时达到最高点、代谢活动最强，随后逐步下降[82]。菲律宾蛤仔的最适生长盐度 23.8~34.8psu，幼虫适宜生长盐度 23.0~35.0psu，稚贝适宜生长盐度 14.5~33.5psu，幼贝适宜生长盐度 9.36~34.16psu。中国对虾属广盐性种类，可在 1.0~40.0psu 盐度范围内生存和生长。花鲈具有广盐性，在淡水水域和盐度高达 34.0psu 的高盐海区皆可生活。

海水淡化工程产生的浓海水入海导致的盐升程度较低，大部分区域盐升在 3.0psu 以下且历时较短，而且还有五龙河径流周期性下泄和冲淡；冬季仅 2.0psu 盐升等值线进入滨海湿地东部和中部，3.0psu 盐升等值线未进入湿地，秋季 2.0psu 和 3.0psu 盐升等值线均未进入湿地，影响范围主要是河口滩涂和少部分潮汐汊道水面。如前所述，3.0psu 以下盐升对上述湿地植物、动物的生存环境没有显著影响。因此，海水淡化工程浓海水入海对丁字湾周边滨海湿地影响较小。

4　浓海水入海生态环境管理

我国是淡水资源缺乏的国家，发展海水淡化产业是缓解我国沿海缺水地区和海岛水资源短缺问题的战略选择和有效途径。2012 年 2 月，国务院办公厅印发《关于加快发展海水淡化产业的意见》（国办发〔2012〕13 号），提出"将海水淡化水作为水资源的重要补充，纳入水资源的统一配置，优化用水结构。"十三五"以来，我国海水淡化产业向规模化、集成化方向发展，逐步成为重要的战略性新兴产业。随着海水淡化产业规模日益壮大，对浓海水排放口设置的管理受到重视并逐步规范，针对浓海水排放的生态环境影响陆续出台了相关标准规范。

4.1 浓海水排放口管理

4.1.1 类型界定

2021年12月，生态环境部发布《入河(海)排污口命名与编码规则》(HJ 1235—2021)，根据排污口责任主体所属行业及排放特征，将排污口类型划分为工业排污口、城镇污水处理厂排污口、农业排口和其他排口共计4个一级类和工矿企业排污口等15个二级类(表0-6)。

表0-6 各类型入河(海)排污口类型及代码表

一级分类	二级分类	类型代码
(一)工业排污口	工矿企业排污口	GY
	工业及其他各类园区污水处理厂排污口	
	工矿企业雨洪排口	
	工业及其他各类园区污水处理厂雨洪排口	
(二)城镇污水处理厂排污口	城镇污水处理厂排污口	SH
(三)农业排口	规模化畜禽养殖排污口	NY
	规模化水产养殖排污口	
(四)其他排口	大中型灌区排口	QT
	港口码头排口	
	规模以下畜禽养殖排污口	
	规模以下水产养殖排污口	
	城镇生活污水散排口	
	农村污水处理设施排污口	
	农村生活污水散排口	
	其他排污口	

2023年10月，生态环境部发布《入河入海排污口监督管理技术指南 排污口分类》(HJ 1312—2023)，指导各地规范入河入海排污口分类，提升科学化管理水平。该指南将入河入海排污口划分为工业排污口、城镇污水处理厂排污口、农业

排口和其他排口四大类，并进一步细分为 16 个二级类与 6 个三级类(表 0-7)。相比《入河(海)排污口命名与编码规则》(HJ 1235—2021)，增加了"其他排口"中的"城镇雨洪排口"。

表 0-7　入河入海排污口分类

序号	一级分类	二级分类	三级分类
1	工业排污口	工矿企业排污口	工业企业排污口
2			矿山排污口
3			尾矿库排污口
4		工矿企业雨洪排口	工业企业雨洪排口
5			矿山雨洪排口
6			尾矿库雨洪排口
7		工业及其他各类园区污水处理厂排污口	—
8		工业及其他各类园区污水处理厂雨洪排口	—
9	城镇污水处理厂排污口	城镇污水处理厂排污口	—
10	农业排口	规模化畜禽养殖排污口	—
11		规模化水产养殖排污口	—
12	其他排口	大中型灌区排口	—
13		港口码头排口	—
14		规模以下畜禽养殖排污口	—
15		规模以下水产养殖排污口	—
16		城镇生活污水散排口	—
17		农村污水处理设施排污口	—
18		农村生活污水散排口	—
19		城镇雨洪排口	—
20		其他排污口	—

以上标准对入河入海排污口分类作出了规定，但均未给出各类型排污口的释义。根据《长江、黄河和渤海入海(河)排污口排查整治分类规则(试行)》(环办执法函〔2020〕718 号)，工业排污口包括工矿企业生产废水、生活污水和雨水等的排放口，其中生产废水排污口包括工业污水集中处理设施排污口、没有纳入工业污水集中处理设施的生产废水排污口、温排水等循环水排污口，以及生产废水与生活污水或雨水等的混合污水排污口。

根据《水质 词汇 第一部分》(HJ 596.1—2010)，工业废水指工业生产过程中排放的水。根据《工业废水处理与回用技术评价导则》(GB/T 32327—2015)，工业废水是指工艺生产过程中排出的废水和废液，其中含有随水流失的工业生产用料、中间产物、副产品以及生产过程中产生的污染物。根据《企业突发环境事件风险分级方法》(HJ 941—2018)，清净下水指未受污染或受较轻微污染以及水温稍有升高，不经处理即符合排放标准的废水。

目前海水淡化工程主要采用反渗透技术、低温多效蒸馏技术及多级闪蒸技术等物理方法，原料海水通常采用"絮凝—气浮/沉淀—过滤"预处理工艺，加入少量杀菌剂($NaClO$)、絮凝剂($FeCl_3$)、助凝剂(PAM)、还原剂($NaHSO_3$)及阻垢剂等，反渗透膜化学清洗水经中和达标混入浓海水中排放，浓海水除含盐量较原料海水有所增加，大部分理化性质变化不大，属于清净下水，在环评管理中允许直接排放。根据《入河入海排污口监督管理技术指南 排污口分类》(HJ 1312—2023)，浓海水排放口属于工业企业排污口，应当纳入入海排污口管理体系。

4.1.2 管理规定

《中华人民共和国海洋环境保护法》是我国依法开展排污口管理的法律依据。按照党中央、国务院决策部署，以改善生态环境质量为核心，坚持精准治污、科学治污、依法治污，深化排污口设置和管理改革，建立健全设置合理、管理规范的长效监督管理机制，有效管控入河入海污染物排放，环境治理能力和水平不断提升。

1. 法律法规

1)《中华人民共和国海洋环境保护法》

1982 年 8 月 23 日，第五届全国人民代表大会常务委员会第二十四次会议通过了《中华人民共和国海洋环境保护法》，第十八条规定"沿海单位向海域排放有害物质，必须严格执行国家或省、自治区、直辖市人民政府颁布的排放标准和有关规定。在海上自然保护区、水产养殖场、海滨风景游览区内，不得新建排污口。"

1999 年 12 月 25 日，第九届全国人民代表大会常务委员会第十三次会议通过了《中华人民共和国海洋环境保护法》第一次修订，增设第三十条对排污口设置进行规定，"入海排污口位置的选择，应当根据海洋功能区划、海水动力条件和有关规定，经科学论证后，报设区的市级以上人民政府环境保护行政主管部门审查批准。环境保护行政主管部门在批准设置入海排污口之前，必须征求海洋、海事、渔业行政主管部门和军队环境保护部门的意见。在海洋自然保护区、重要渔业水域、海滨风景名胜区和其他需要特别保护的区域，不得新建排污口。在有条件的地区，应当将排污口深海设置，实行离岸排放。"该条文在《中华人民共和国海洋环境保护法》于 2013 年第一次修正、2016 年第二次修正时均维持不变。

2017 年 11 月 4 日，第十二届全国人民代表大会常务委员会第三十次会议通过了《中华人民共和国海洋环境保护法》第三次修正，第三十条将排污口设置管理由环境保护行政主管部门审查批准修改为报环境保护行政主管部门备案，将在批准前征求相关部门意见修改为在完成备案后将入海排污口设置情况通报相关部门。

2023 年 10 月 24 日，第十四届全国人民代表大会常务委员会第六次会议通过了《中华人民共和国海洋环境保护法》第二次修订，针对排污口设置的最新规定如下：

"第四十七条　入海排污口位置的选择，应当符合国土空间用途管制要求，根据海水动力条件和有关规定，经科学论证后，报设区的市级以上人民政府生态环境主管部门备案。排污口的责任主体应当加强排污口监测，按照规定开展监控和自动监测。

"生态环境主管部门应当在完成备案后十五个工作日内将入海排污口设置情况通报自然资源、渔业等部门和海事管理机构、海警机构、军队生态环境保护部门。

"沿海县级以上地方人民政府应当根据排污口类别、责任主体，组织有关部门对本行政区域内各类入海排污口进行排查整治和日常监督管理，建立健全近岸水体、入海排污口、排污管线、污染源全链条治理体系。

"国务院生态环境主管部门负责制定入海排污口设置和管理的具体办法，制定入海排污口技术规范，组织建设统一的入海排污口信息平台，加强动态更新、信息共享和公开。

"第四十八条　禁止在自然保护地、重要渔业水域、海水浴场、生态保护红线区域及其他需要特别保护的区域，新设工业排污口和城镇污水处理厂排污口；法律、行政法规另有规定的除外。

"在有条件的地区，应当将排污口深水设置，实行离岸排放。"

2)《中华人民共和国防治海岸工程建设项目污染损害海洋环境管理条例》

1990 年 5 月 25 日，国务院第六十一次常务会议通过了《中华人民共和国防治海岸工程建设项目污染损害海洋环境管理条例》，第十四条规定"设置向海域排放废水设施的，应当合理利用海水自净能力，选择好排污口的位置。采用暗沟或者管道方式排放的，出水管口位置应当在低潮线以下。"该条文在本条例于 2007 年、2017 年、2018 年历次修正时均维持不变。

2. 政策文件

2022 年 1 月，国务院办公厅印发了《关于加强入河入海排污口监督管理工作的实施意见》(国办函〔2022〕17号),明确"根据排污口责任主体所属行业及排放特征,将排污口分为工业排污口、城镇污水处理厂排污口、农业排口、其他排口等四种类型。其中,工业排污口包括工矿企业排污口和雨洪排口、工业及其他各类园区污水处理厂排污口和雨洪排口等",提出"按照'有口皆查、应查尽查'要求,组织开展深入排查,摸清掌握各类排污口的分布及数量、污水排放特征及去向、排污单位基本情况等信息"。

2022年11月,生态环境部公开征求《入海排污口监督管理办法(试行)(征求意见稿)》意见,征求意见稿对排污口设置论证、备案、建设、监测、监督及信息化等作出规定。其中,第五条规定"入海排污口责任主体是指通过入海排污口排放污水的企事业单位和其他生产经营者。责任主体负责源头治理以及入海排污口整治、规范化建设、排污通道维护管理等。"第六条规定"入海排污口设置应按照科学论证的原则,严格落实相关法律法规的规定,并符合生态环境分区管控和各级生态环境保护规划、海洋生态环境保护规划等规划区划关于排污口布局和管控的要求。"据悉,该管理办法目前尚未正式出台。

2022年12月,生态环境部办公厅、水利部办公厅联合印发《关于贯彻落实〈国务院办公厅关于加强入河入海排污口监督管理工作的实施意见〉的通知》(环办水体〔2022〕34号),要求"各地要充分认识加强和规范排污口监督管理的重要性……各流域(海域)生态环境监督管理局(以下简称各流域海域局)、地方各级生态环境部门要落实相关法律法规关于排污口设置的规定,明确禁止设置、限制设置排污口的管控要求,做好职责范围内排污口设置审批或备案,按规定作出行政许可决定。"

沿海各省(自治区、直辖市)根据《中华人民共和国海洋环境保护法》(第三次修正)、国务院和生态环境部相关政策文件要求,陆续出台文件依法规范入海排污口设置备案和加强监管工作。例如,上海市生态环境局于2021年3月印发了《关于做好入海排污口设置 备案工作的通知》(沪环海〔2021〕52号),明确"入海排污口设置单位应进一步强化主体责任,自行或者委托第三方编制入海排污口设置论证报告……经科学论证后及时向生态环境部门进行备案。"海南省生态环境厅于2021年10月印发了《关于进一步加强和规范入海排污口管理工作的通知》明确"入海排污口设置应当符合海洋功能区划、海水动力条件和有关规定,经科学论证后,由入海排污口设置单位报市、县生态环境行政主管部门备案(含洋浦经济区,具体以各市县政府部门职能划定为准)……入海排污口设置单位应向入海排污口备案行政主管部门提交入海排污口设置备案申请表及入海排污口设置论证报告(或包含入海排污口设置论证内容的建设项目环评报告)。"

根据《入河入海排污口监督管理技术指南 排污口分类》(HJ 1312—2023),

浓海水排放口属于工业企业排污口，现已逐步纳入入海排污口设置备案和监管体系之中。

4.2　浓海水入海盐度管理

4.2.1　海水盐度调查监测与水质管理

盐度是影响海水理化性质和生物生长分布的重要因素，我国现行海洋调查监测技术规范对盐度测定有明确规定，而相关环境质量标准和污染物排放标准对盐度则尚无相关规定。

1. 调查监测规范

《海洋调查规范 第 2 部分：海洋水文观测》（GB/T 12763.2—2007）对开展海洋水文观测时盐度测量的准确度、观测时次、标准层次、观测方法和资料处理均有详细规定，现场定点测量采用温盐深仪（CTD）、走航测量采用抛弃式温盐深仪（XCTD）或走航式 CTD，实验室测量采用盐度计。

根据《海洋监测规范 第 4 部分：海水分析》（GB 17378.4—2007），海水盐度测定方法有盐度计法和 CTD 法。该规范对盐度计法的适用范围、基本原理、仪器试剂、分析步骤、记录计算、注意事项均有详细规定，并明确 CTD 法等效用GB 12763.2—2007。

2. 环境质量标准

1）《海水水质标准》（GB 3097—82）

1982 年 4 月，国务院环境保护领导组发布了《海水水质标准》（GB 3097—82），按照海水用途，将海水水质分为三类。其中，第一类适用于保护海洋生物资源和人类的安全利用（包括盐场、食品加工、海水淡化、渔业和海水养殖等用水）以及海上自然保护区，第二类适用于海水浴场及风景游览区，第三类适用于一般工业用水、港口水域和海洋开发利用区等。

《海水水质标准》（GB 3097—82）分析项目共计 25 项，其中感官指标包括漂浮物质和色、嗅、味小计 2 项，理化指标包括悬浮物质、水温、pH、溶解氧、化学需氧量、底质、有害物质（汞、镉、铅、总铬、砷、铜、锌、硒、油类、氰化物、硫化物、挥发性酚、有机氯农药、无机氮、无机磷）小计 21 项，卫生学指标包括大肠菌群、病原体小计 2 项。其中，水温指标为第一类、第二类海域不超过当地、当时水温 4℃。

2）《海水水质标准》（GB 3097—1997）

1997 年 12 月，国家环境保护局发布了《海水水质标准》（GB 3097—1997），按照海域的不同使用功能和保护目标，将海水水质分为四类。其中，第一类适用于海洋渔业水域、海上自然保护区和珍稀濒危海洋生物保护区，第二类适用于水产养殖区、海水浴场、人体直接接触海水的海上运动或娱乐区以及与人类食用直接有关的工业用水区，第三类适用于一般工业用水区、滨海风景旅游区，第四类适用于海洋港口水域、海洋开发利用区。

《海水水质标准》(GB 3097—1997)分析项目共计 39 项，其中感官指标包括漂浮物质和色、嗅、味小计 2 项，理化指标包括悬浮物质、水温、pH、溶解氧、化学需氧量、生化需氧量、无机氮、非离子氨、活性磷酸盐、汞、镉、铅、六价铬、总铬、砷、铜、锌、硒、镍、氰化物、硫化物、挥发性酚、石油类、六六六、滴滴涕、马拉硫磷、甲基对硫磷、苯并(a)芘、阴离子表面活性剂小计 29 项，卫生学指标包括大肠菌群、粪大肠菌群、病原体小计 3 项，放射性指标包括 ^{60}Co、^{90}Sr、^{106}Rn、^{134}Cs、^{137}Cs 小计 5 项。其中，水温指标为第一类、第二类海域人为造成的海水温升夏季不超过当时当地 1℃，其他季节不超过 2℃；第三类、第四类海域人为造成的海水温升不超过当时当地 4℃。

综上可见，虽然温度和盐度均是影响海水理化性质和生物生长分布的重要生态因子，《海水水质标准》(GB 3097—1997)按不同水质类别，对人为造成的海水温升做出了规定，但对人为造成的盐升则无规定。推测其原因，可能是由于该标准制定时，滨海电厂等温排水已引起环境保护主管部门重视，而我国海水淡化产业则尚未起步，因此《海水水质标准》(GB 3097—1997)指标未考虑海水淡化工程浓海水入海引起的受纳海域海水盐升。

3. 污染物排放标准

长期以来，我国的海水淡化浓海水无排放标准，在环评管理中按清净下水允许直接排放。直至 2020 年 6 月，自然资源部发布了《海水淡化浓盐水排放要求》(HY/T 0289—2020)，规定了海水淡化工程浓盐水排放的水质要求，控制指标包括温差、pH、铁、铝、总磷、铜、铬、镍共 8 项(表 0-8)。然而，该标准并未提及浓海水入海造成海洋生态环境影响的主要因子——盐度。

表 0-8　海水淡化工程浓盐水排放水质要求

序号	指标	单位	限值	《污水综合排放标准》(GB 8978—1996)最高允许排放浓度
1	温差	℃	≤10(与进水相比)	—
2	pH	—	6.5～8.5	6～9(一级标准)
3	铁	mg/L	≤0.3	—
4	铝	mg/L	≤0.05	—
5	总磷	mg/L	≤0.5	0.5(一级标准)

序号	指标	单位	限值	《污水综合排放标准》(GB 8978—1996) 最高允许排放浓度
6	铜	mg/L	≤0.2	0.5(一级标准)
7	铬	mg/L	≤0.05	1.5
8	镍	mg/L	≤0.02	1.0

4.2.2　浓海水入海生态环境影响评价

目前，海水淡化工程主要采用反渗透技术、低温多效蒸馏技术及多级闪蒸技术等物理方法，原料海水通常采用"絮凝—气浮/沉淀—过滤"预处理工艺，浓海水除含盐量较原料海水有所增加外，大部分理化性质变化不大，属于清净下水，在环评管理中允许直接排放。但是，鉴于盐度是重要的海洋环境因素，直接或间接影响海洋生物的生长、发育、繁殖和种群分布。研究表明，当盐度显著增加时对海洋生物和生态系统有较明显影响。因此，浓海水排放对海洋生态环境的影响历来是海水淡化项目环境影响评价的重点。

2008年10月，中华人民共和国国家质量监督检验检疫总局、中国国家标准化管理委员会发布了《海水综合利用工程环境影响评价技术导则》(GB/T 22413—2008)，提出海水淡化工程分析应当"重点分析盐度的变化对海洋生物的影响方式、影响范围和可能产生的结果"，但未给出海水盐度变化的评价标准和浓海水排放的管理要求。

2010年2月，国家海洋局发布了《海水综合利用工程废水排放海域水质影响评价方法》(HY/T 129—2010)，指出海水淡化工程浓盐水排放对水质的影响应以盐度、余氯和温度为预测因子，提出海水淡化工程浓海水入海后引起的盐升的评价标准为"河口等盐度线上盐度的变化不大于其自然变化的10%"，但该标准是针对河口区域而言，并未针对非河口海域盐升(降)给出评价标准。

2018年7月，自然资源部发布了《反渗透海水淡化工程设计规范》(HY/T 074—2018)，明确反渗透海水淡化工程"应设置相应的排放水处理设施。含泥排放水、化学清洗排放水等应进行分类收集、处理后达标排放；浓海水应尽量实施资源化利用，不具备利用条件的，应采取高效扩散排放等处置方式，浓海水排放应以减少对海洋生态环境的影响为前提。"虽然对浓海水排放提出了原则性要求，但未规定明确的控制指标。

2020年6月，自然资源部发布了《海水淡化浓盐水排放要求》(HY/T 0289—2020)，规定了海水淡化浓盐水排放的水质要求，控制指标有温差、pH、铁、铝、总磷、铜、铬、镍共8项，为环境影响评价提供了浓海水排放控制标准，但是对于影响评价最关注的盐升并无控制要求。

综上，我国现已发布的相关技术规范，基于海水淡化工程浓海水排放引起的盐度变化对海洋生物的影响方式、影响范围和可能产生的结果，要求对浓海水入海盐升的管理应以尽量减少对海洋生态环境的影响为原则，但是迄今尚无针对受纳海域海水盐升程度的具体控制标准，使得对浓海水入海的生态环境管理虽有排放要求，然而却缺乏针对性。

4.2.3 受纳海域盐升控制标准建议

目前海水淡化工程主要采用反渗透技术、低温多效蒸馏技术及多级闪蒸技术等物理方法，原料海水通常采用"絮凝—气浮/沉淀—过滤"预处理工艺，加入少量杀菌剂、絮凝剂、助凝剂、还原剂及阻垢剂等，反渗透膜化学清洗水经中和达标混入浓海水排放，浓海水主要是含盐量较原料海水有所增加，大部分理化性质变化不大，属于清净下水，在环评管理中允许直接排放。

盐度是影响海水理化性质和生物生长分布的重要生态因子，浓海水入海对生态环境造成影响主要是由于盐度升高，其影响程度取决于盐升范围、盐升程度、持续时间和海洋生物对盐升的适应能力，因此浓海水入海引起的盐升历来是海水淡化工程环境影响评价关注的重点。如前所述，根据对国外浓海水排放控制要求的不完全统计，大部分国家和地区以盐升作为浓海水排放的控制指标，如美国环境保护署(US EPA)规定的盐升控制值为不大于 4.0psu，阿曼为 2.0psu，澳大利亚各地在 1.0~2.0psu，沙特阿拉伯、以色列为小于背景盐度值 5%；少数国家(地区)选择以浓海水盐度作为控制指标，如美国加利福尼亚州要求盐度不大于 40.0psu。

国外浓海水入海监测表明，大多数海洋生物群落可忍受 2.0~3.0psu 的盐升，有些种类可忍受高达 10.0psu 的盐升，3.0psu 以下的盐升对海洋生态环境基本无影响[15]。海水盐度自然波动一般可达平均盐度的±10%，海洋生物对盐度的自然波动具有一定的适应性，有学者认为可将盐升 10%作为海洋生物对海水盐升忍耐力的保守估量[14]。全球海洋平均盐度约 35.0psu，通常大洋海水的盐度变化很小，近岸海域盐度受径流等影响变化较大，盐度的自然波动大多在 3.0psu 以上。

海水淡化是增加水源供给、优化供水结构、保障供水安全的重要手段，属于国家鼓励类产业，国家积极推进海水淡化规模化利用。目前我国的海水淡化工程主要采用反渗透技术与多效蒸馏技术。根据《反渗透海水淡化工程设计规范》(HY/T 074—2018)，反渗透海水淡化膜装置的水回收率应在 35%~50%，可知浓海水盐度约为原料海水 1.5 倍以上。根据《蒸馏法海水淡化工程设计规范》(HY/T 115—2008)，为节省取水能耗，蒸馏法海水淡化的海水总需求量不超过淡水产量的 4~5 倍，浓盐水宜与冷却用海水混合排放，浓海水盐度通常比原料海水高 10%~15%。根据海水淡化生产工艺要求可知，浓海水盐度特别是反渗透法显著高于原料海水盐度，加之取水盐度因地因时而异，因此浓海水排放不宜直接针对浓海水盐度设定限值要求，较适用的方法是结合浓海水排放对海洋生态环境的影响研究，采用盐升程度作为环境质量指标[83,84]。

《中华人民共和国海洋环境保护法》(第二次修订)第四十八条规定，禁止在自然保护地、重要渔业水域、海水浴场、生态保护红线区域及其他需要特别保护的区域，新设工业排污口。因此，浓海水排放口应当选择海水水质三类区或四类区，属于对环境质量要求相对宽松海域。《生态环境标准管理办法》(生态环境部令　第 17 号)第十二条规定，制定生态环境质量标准，应当反映生态环境质量特征，以生态环境基准研究成果为依据，与经济社会发展和公众生态环境质量需求相适应，科学合理确定生态环境保护目标。

综上所述，基于盐升对海洋生态环境影响相关研究结果和国外浓海水排放管理实践[85,86]，结合目前盐度数值模拟预测精度(±0.5psu)，本书建议以 4.0psu 盐升作为浓海水排放海域环境质量标准值。

5　浓海水排放用海管理

5.1　浓海水排放用海管理现状

5.1.1　管理政策

1993 年 5 月，财政部、国家海洋局联合颁布了《国家海域使用管理暂行规定》(〔93〕财综字第 73 号)，我国海域使用管理工作由此步入有章可循的新阶段。2001 年 10 月，第九届全国人民代表大会审议通过了《中华人民共和国海域使用管理法》，标志着我国海域使用管理工作步入法治化轨道。根据《中华人民共和国海域使用管理法》，"海域属于国家所有，国务院代表国家行使海域所有权。任何单位或者个人不得侵占、买卖或者以其他形式非法转让海域。单位和个人使用海域，必须依法取得海域使用权。"单位和个人申请使用海域，应当提交海域使用论证材料等书面材料。

《中华人民共和国海域使用管理法》施行以来，各级海洋行政主管部门坚持依法行政，以海域管理法制化、规范化、科学化为目标，全面实施海域权属管理、海域有偿使用等基本制度，海域使用管理法律法规和政策体系不断完善，逐步形成和强化"有序、有度、有偿"的用海管理局面。为严格加强项目海域使用论证管理，国家相继出台相关文件，《关于加强海域使用论证报告评审工作的意见》(国海管字〔2011〕838 号)提出重点评审"项目用海合理性分析是否全面深入"，《关于进一步规范海域使用论证管理工作的意见》(国海规范〔2016〕10 号)要求"对项目用海面积合理性进行重点论证",《关于进一步做好海域使用论证报告评审工作的通知》(自然资办函〔2021〕2073 号)强调"重点评审项目用海面积的合理性"。

长期以来,我国海域使用管理以《海域使用分类》(HY/T 123—2009)确立的海域使用分类体系为基础,海域使用论证和技术审查主要执行《关于印发海域使用论证技术导则的通知》(国海发〔2010〕22 号)、《海籍调查规范》(HY/T 124—2009)相关要求,并严格落实节约集约和生态用海等管理政策。但是,随着海洋经济快速发展,项目用海需求不断增长,用海类型和方式不断增多,海域使用管理面临许多新情况,现有海域使用分类管理体系已不能完全满足新时期海域使用管理的要求,对于规范项目用海管理以及维护国家海域所有者权益尚有不足。比如,同样是可能对海洋生态环境造成不利影响的用海活动,污水达标排放和温排水在海域使用分类体系中均有相应类别,均纳入项目用海申请管理范围,而海水淡化浓海水排放却无相应类别。尽管新施行的《海域使用论证技术导则》(GB/T 42361—2023)已首次新增"海水淡化浓盐水排放",但由于现行海域使用管理体系缺失其用海方式和用海范围界定方法,导致海域使用论证报告通常仅是对其生态环境影响进行分析,无从将其纳入项目申请用海范围,海洋行政主管部门亦无法将其纳入用海审批监管体系,使得项目用海面积合理性分析存在先天不足。

可见,由于现行用海管理政策与标准规范在海域使用分类体系方面的滞后性,导致本应作为海域使用论证和评审重点的项目用海面积合理性,在制度设计上尚存在不足,这从海水淡化厂浓海水排放用海管理的尴尬局面中可见一斑。

5.1.2 标准规范

目前,项目用海管理与海域使用论证工作执行的标准规范主要有《海域使用分类》(HY/T 123—2009)、《海籍调查规范》(HY/T 124—2009)、《关于印发海域使用论证技术导则的通知》(国海发〔2010〕22 号),以及《关于印发〈调整海域 无居民海岛使用金征收标准〉的通知》(财综〔2018〕15 号),择要简述如下:

1.《海域使用分类》(HY/T 123—2009)

2009 年 3 月,国家海洋局发布了《海域使用分类》(HY/T 123—2009),规定了我国海域使用的分类原则与分类体系,对海域使用权取得、登记、发证、海域使用金征缴、海籍调查、统计分析、海域使用论证、海域评估、海域管理信息系统建设等工作涉及的海域使用类型和用海方式进行界定。海域使用类型主要根据项目所属国民经济行业类别进行划分,共计 9 个一级类和 31 个二级类,名称和编码见表 0-9;用海方式按照海域使用特征及对海域自然属性的影响程度,划分为 5 个一级类和 21 个二级类,名称和编码见表 0-10。

表 0-9　海域使用类型名称和编码表

一级类		二级类	
编码	名称	编码	名称
1	渔业用海	11	渔业基础设施用海
		12	围海养殖用海
		13	开放式养殖用海
		14	人工鱼礁用海
2	工业用海	21	盐业用海
		22	固体矿产开采用海
		23	油气开采用海
		24	船舶工业用海
		25	电力工业用海
		26	海水综合利用用海
		27	其他工业用海
3	交通运输用海	31	港口用海
		32	航道用海
		33	锚地用海
		34	路桥用海
4	旅游娱乐用海	41	旅游基础设施用海
		42	浴场用海
		43	游乐场用海
5	海底工程用海	51	电缆管道用海
		52	海底隧道用海
		53	海底场馆用海
6	排污倾倒用海	61	污水达标排放用海
		62	倾倒区用海
7	造地工程用海	71	城镇建设填海造地用海
		72	农业填海造地用海
		73	废弃物处置填海造地用海
8	特殊用海	81	科研教学用海
		82	军事用海
		83	海洋保护区用海
		84	海岸防护工程用海
9	其他用海	91	其他用海

表 0-10　用海方式名称和编码表

一级类		二级类	
编码	名称	编码	名称
1	填海造地	11	建设填海造地
		12	农业填海造地
		13	废弃物处置填海造地
2	构筑物	21	非透水构筑物
		22	跨海桥梁、海底隧道
		23	透水构筑物
3	围海	31	港池、蓄水
		32	盐田
		33	围海养殖
4	开放式	41	开放式养殖
		42	浴场
		43	游乐场
		44	专用航道、锚地及其他开放式
5	其他方式	51	人工岛式油气开采
		52	平台式油气开采
		53	海底电缆管道
		54	海砂等矿产开采
		55	取排水口
		56	污水达标排放
		57	倾倒
		58	防护林种植

根据《海域使用分类》(HY/T 123—2009),同一用海类型的项目可能有多种用海方式,而不同用海类型的项目可能有相同的用海方式。前者如海水综合利用用海(二级类用海类型),对于填成土地后用于建设厂区等的海域,其用海方式为建设填海造地;排水管道使用的海域,用海方式为海底电缆管道;取排水口使用的海域,用海方式为取排水口;蓄水池、沉淀池使用的海域,用海方式为港池、蓄水。后者如取排水口(二级用海方式),渔业基础设施用海、盐业用海、电力工业用海、海水综合利用用海和其他工业用海,其用海方式均可能涉及取排水口。应当指出,由于该规范发布年份较早,对于部分用海类型,未能涵盖全部用海方

式，例如在海水综合利用用海的用海方式中并未提及浓海水排放用海。

2. 海籍调查规范

2009 年 3 月，国家海洋局发布了《海籍调查规范》(HY/T 124—2009)，按照《海域使用分类》(HY/T 123—2009)确立的用海分类体系，规定了海籍调查的基本内容与要求，明确了各种用海方式用海范围的界定方法。以海水综合利用用海（二级用海类型）的用海方式范围界定方法为例，对于用于厂区建设的填海造地用海，岸边以填海造地前的海岸线为界，水中以围堰、堤坝基床或回填物倾埋水下的外缘线为界；蓄水池、沉淀池等用海，岸边以围海前的海岸线为界，水中以围堰、堤坝基床外侧的水下边缘线及口门连线为界；取排水管道用海，以取排水管道外缘线向两侧外扩 10m 距离为界；取排水口用海，岸边以海岸线为界，水中以取排水设施外缘线外扩 80m 的矩形范围为界。

由于《海域使用分类》(HY/T 123—2009)中用海方式分类体系未针对浓海水排放设定用海方式，因此《海籍调查规范》(HY/T 124—2009)未对浓海水排放用海范围进行界定，但与之类似的电厂温排水用海和污水达标排放用海则有明确的用海范围界定方法。电厂温排水用海位于水产养殖区附近的，按人为造成夏季升温 1℃、其他季节升温 2℃的水体所波及的最大包络线界定；位于其他水域的，按人为造成升温 4℃的水体所波及的最大包络线界定。污水达标排放用海依据海洋功能区划和保护目标，以其所排放的有害物质随离岸距离浓度衰减，达到海水水质标准要求时水体所涉及的最大包络线为界。

3. 海域使用论证技术规范

2010 年 8 月，国家海洋局《关于印发海域使用论证技术导则的通知》(国海发〔2010〕22 号)，规定了海域使用论证的内容、工作程序、技术方法和要求，用以指导和规范海域使用论证工作。近年来，随着项目用海管理的最新要求及项目用海类型和方式的不断增多，原国家海洋局、自然资源部持续推进《海域使用论证技术导则》的修订和标准化工作。2023 年 3 月，自然资源部提出的《海域使用论证技术导则》(GB/T 42361—2023)由国家市场监督管理总局、国家标准化管理委员会正式发布。2023 年 5 月，自然资源部发布《关于〈海域使用论证技术导则〉国家标准实施有关事宜的公告》(2023 年第 26 号)，明确"2023 年 7 月 1 日《海域使用论证技术导则》(GB/T 42361—2023)实施后，《关于印发海域使用论证技术导则的通知》(国海发〔2010〕22 号)同时废止。"

《海域使用论证技术导则》(GB/T 42361—2023)中"表 1 海域使用论证等级判据"，以《海域使用分类》(HY/T 123—2009)确立的用海方式分类体系为基础，并对温排水等部分用海情形进行了进一步细分，结合项目用海规模和所在海域特征，对项目用海论证等级进行判定。相对于《关于印发海域使用论证技术导则的通知》（国海发〔2010〕22号），《海域使用论证技术导则》（GB/T 42361—2023）对项目用海方式的划分进行了调整，其中尤其以其他方式用海（一级用海方式）调整较大，其二级用海方式新增海水淡化浓盐水排放、其他取排水口和冷排水，温排水的一级用海方式由开放式用海调整至其他方式用海，并与冷排水统称为温冷排水（二级用海方式）。其中，"海水淡化浓盐水排放"为该用海情形在技术规范中首次出现，是对我国海水淡化产业蓬勃发展的响应。但是，无论用海方式还是用海范围，"海水淡化浓盐水排放"在《海域使用分类》（HY/T 123—2009）、《海籍调查规范》（HY/T 124—2009）中均属空白。可见，"海水淡化浓盐水排放"虽已在《海域使用论证技术导则》（GB/T 42361—2023）中首次出现，但由于现行的用海管理体系规范尚未修订，导致实践中对浓海水排放用海的管理缺乏操作性，在一定程度上反映出现行的海域使用管理分类体系相对于海域使用管理要求存在滞后性。

4. 海域使用金征收标准

2018年3月，财政部和国家海洋局《关于印发〈调整海域 无居民海岛使用金征收标准〉的通知》（财综〔2018〕15号）。根据该通知的附件1《海域使用金征收标准》，项目一级用海方式包括填海造地用海、构筑物用海、围海用海、开放式用海和其他用海，其中其他用海下设取、排水口用海、污水达标排放用海和温、冷排水用海等二级用海方式（表0-11）。根据用海方式界定标准，取排水口用海是指抽取或排放海水的用海，污水达标排放用海是指受纳指定达标污水的用海，温、冷排水用海是指受纳温、冷排水的用海。根据《海籍调查规范》（HY/T 124—2009），取排水口用海、污水达标排放用海和温排水用海均有明确的用海范围界定方法，而冷排水的影响范围虽可通过数学模型进行预测，但是尚无界定用海范围的温降标准，至于浓海水排放则尚未纳入用海分类体系，因而此二者目前实际上均未纳入项目用海管理，遑论海域使用金征收，同样反映出现行的海域使用管理分类体系与用海管理实践有所脱节。

表 0-11　海域使用金征收标准　　　　　（单位：万元/hm²）

用海方式			海域等别						征收方式
			一等	二等	三等	四等	五等	六等	
填海造地用海	建设填海造地用海	工业、交通运输、渔业基础设施等填海	300	250	190	140	100	60	一次性征收
		城镇建设填海	2700	2300	1900	1400	900	600	
	农业填海造地		130	110	90	75	60	45	

续表

用海方式		海域等别						征收方式
		一等	二等	三等	四等	五等	六等	
构筑物用海	非透水构筑物用海	250	200	150	100	75	50	一次性征收
	跨海桥梁、海底隧道用海	17.30						
	透水构筑物用海	4.63	3.93	3.23	2.53	1.84	1.16	
围海用海	港池、蓄水用海	1.17	0.93	0.69	0.46	0.32	0.23	
	盐田用海	0.32	0.26	0.20	0.15	0.11	0.08	
	围海养殖用海	由各省(自治区、直辖市)制定						
	围海式游乐场用海	4.76	3.89	3.24	2.67	2.24	1.93	
	其他围海用海	1.17	0.93	0.69	0.46	0.32	0.23	
开放式用海	开放式养殖用海	由各省(自治区、直辖市)制定						按年度征收
	浴场用海	0.65	0.53	0.42	0.31	0.20	0.10	
	开放式游乐场用海	3.26	2.39	1.74	1.17	0.74	0.43	
	专用航道、锚地用海	0.30	0.23	0.17	0.13	0.09	0.05	
	其他开放式用海	0.30	0.23	0.17	0.13	0.09	0.05	
其他用海	人工岛式油气开采用海	13.00						
	平台式油气开采用海	6.50						
	海底电缆管道用海	0.70						
	海砂等矿产开采用海	7.30						
	取排水口用海	1.05						
	污水达标排放用海	1.40						
	温、冷排水用海	1.05						
	倾倒用海	1.40						
	种植用海	0.05						

注:①离大陆岸线最近距离2km以上且最小水深大于5m(理论最低潮面)的离岸式填海,按照征收标准的80%征收;②填海造地用海占用大陆自然岸线的,占用自然岸线的该宗填海按照征收标准的120%征收;③建设人工鱼礁的透水构筑物用海,按照征收标准的80%征收;④地方人民政府管辖海域以外的项目用海执行国家标准,海域等别按照毗邻最近行政区的等别确定。养殖用海标准按照毗邻最近行政区征收标准征收。

5.1.3 管理实践

由于我国目前的海域使用分类体系不包含海水淡化工程浓海水排放，尽管浓海水排放与污水达标排放和温排水有类似之处，但是海水淡化以反渗透和多效蒸馏工艺为主，基本上不引入污染物质，浓海水除含盐量较原料海水有所增加外，基本不改变原料海水的大部分理化性质，并且在 2020 年 6 月以前未发布海水淡化浓盐水排放要求，因而不宜将浓海水排放按污水达标排放或温排水论处，所以在现已获批的海水淡化工程用海中，项目用海界定、申请、审批与监管均是针对取排水管道与取排水口等实体设施，迄今尚无项目针对浓海水排放申请用海。

进入 21 世纪以来，我国海水淡化利用产业发展较快。根据自然资源部发布的《2022 年全国海水利用报告》，截至 2022 年底，全国共有海水淡化工程 150 个，工程规模 235.7 万 t/d，相比 2021 年增加 50.1 万 t/a。其中，万吨级及以上海水淡化工程 50 个，工程规模 214.54 万 t/d；千吨级及以上、万吨级以下海水淡化工程 52 个，工程规模 19.85 万 t/d；千吨级以下海水淡化工程 48 个，工程规模 1.32 万 t/d。海水淡化水主要用于工业用水和生活用水，其中工业用水主要集中在沿海地区电力、石化、钢铁等高耗水行业，生活用水主要集中在海岛地区和天津、青岛。

发展海水淡化利用是增加水资源供给、优化供水结构的重要手段，对我国沿海地区、离岸海岛缓解水资源瓶颈制约、保障经济社会可持续发展具有重要意义。2021 年 3 月，第十三届全国人民代表大会第四次会议表决通过的《中华人民共和国国民经济和社会发展第十四个五年规划和 2035 年远景目标纲要》（以下简称《纲要》），提出"推进海水淡化和海洋能规模化利用"。2021 年 5 月，为贯彻落实《纲要》，推进海水淡化规模化利用，国家发展改革委和自然资源部联合印发《海水淡化利用发展行动计划(2021—2025 年)》(发改环资〔2021〕711 号)，提出"到 2025 年，全国海水淡化总规模达到 290 万 t/d 以上，新增海水淡化规模 125 万 t/d 以上。"可见，海水淡化工程数量近期将有较大增长，其中万吨级及以上工程将是新增产能的主体，为了维护国家海域所有者权益和规范海域使用管理，宜将大量浓海水排放纳入用海管理体系，亟须出台有关浓海水排放用海的管理政策及技术规范。

5.2 浓海水排放用海管理建议

海水淡化工程属于国家鼓励类产业，政策支持力度大，发展前景广阔。现行的海域使用管理体系对海水淡化工程实体设施用海已做规定，但尚未将浓海水排放用海纳入管理体系。为实现海洋资源资产价值和完善海域使用管理体系，将浓海水排放用海纳入管理势在必行。

5.2.1　用海必要性

海水淡化方法主要有膜法和热法，大部分海水经淡化浓缩后直接排放。反渗透海水淡化工艺产生的浓海水盐度约为原料海水的 1.5 倍以上；蒸馏法海水淡化工艺中浓海水与冷却海水混合后排放，盐度比原料海水高 10%～15%。盐度是重要的海洋环境因子，对海洋生物生长、发育、繁殖和种群分布有直接或间接影响，海洋生物通过跨膜离子转运机制维持细胞内外的渗透压稳定和细胞内结构组分动态平衡。当环境盐度骤升时，没有渗透调节机制的海洋生物体细胞可能发生渗透失衡和代谢失调甚至死亡。但是，不同物种对盐度的变化耐受幅度有别，广盐性生物所受影响较小，狭盐性生物所受影响较大。

浓海水入海后受纳海域盐度升高是海水淡化工程最受关注的环境问题，海水淡化厂的生产规模和取排水口选址对浓海水入海后的稀释有不同程度影响。与电厂温排水入海必然引起排水区温度升高、并随距离增加而影响递减有所不同，浓海水入海后受纳海域海水盐度是否升高及其程度与原料海水盐度和浓缩倍数相关。如果取水口原料海水的盐度显著低于排放口海水盐度，浓海水盐度有可能低于排放口海水盐度，从而引起排放口海水盐度不升反降。需要注意的是，当取水口位于有径流注入的半封闭海湾内，并且因取水引起湾外海水补偿性流入时，海水淡化工程对湾内盐度的影响将不限于排水口附近，由于湾外较高盐度海水流入取代湾内海水中所含淡水，从而可能形成较大范围的盐升区。取水引起的海水补偿性流入带来的盐度升高较为稳定且持久，尽管盐升范围可能较大，但盐度变化幅度与梯度较小，对海洋生态环境影响总体较小。与盐锋相比，浓海水入海后出现的盐升范围虽然相对较小，但盐度变化幅度与梯度较大。因此，从聚焦于海水淡化工程引起的盐度变化对生态环境的影响来看，应以重点关注浓海水入海后出现的盐升为主。

我国海水淡化工程以反渗透法为主流，生产规模逐步向大型化发展，浓海水大量入海将在受纳海域中底层形成高盐海域，与周围海域的盐度梯度差异较大，在高盐度浓海水长期影响下，该海域海洋生物特别是活动性较弱的底栖生物群落，向适应高盐环境方向演替，其影响范围、程度随浓海水盐度和入海量的增加而增大。鉴于浓海水入海是利用海域水体空间对人为引起的海水盐度增加进行扩散稀释，属于对海域空间资源价值有目的的长期利用，且高盐浓海水对海域生态价值有较明显损害，对海水养殖及其他取排水口等用海方式具有排他性，类似于温、冷排水对海域的使用和影响，而且在《海域使用论证技术导则》（GB/T 42361—2023）中用海方式已增设"海水淡化浓盐水排放用海"，因此有必要将浓海水入海用海纳入海域使用管理，并通过征收海域使用金实现海域资源资产价值。

5.2.2 用海类型

我国现行海域使用类型划分执行《海域使用分类》(HY/T 123—2009)，共计 9 个一级类和 31 个二级类(表 0-9)，主要根据项目所属国民经济行业类别进行划分。根据《2022 年全国海水利用报告》，海水淡化水主要用于工业用水和生活用水，其中工业用水主要集中在沿海地区电力、石化、钢铁等高耗水行业。《海水淡化利用发展行动计划(2021—2025 年)》提出，"沿海缺水地区要将海水淡化水作为生活补充水源、市政新增供水及重要应急备用水源……在石油、采矿、化工、冶金等行业，持续拓展海水淡化技术装备的应用场景，促进海水淡化产业与传统产业协同发展。"根据《海域使用分类》(HY/T 123—2009)，对单独建设的海水淡化厂，其用海类型应界定为工业用海中的海水综合利用用海；对附属于电力、石油、石化、化工、钢铁、冶金等行业的海水淡化工程，其用海类型应界定为工业用海中的电力工业用海、油气开采用海或其他工业用海，视其主体工程所属行业而定。可见，作为海水淡化浓海水的重要处置方式，浓海水排放用海类型应当根据其所属的海水淡化工程的海域使用类型而定。

2020 年 11 月，自然资源部办公厅印发《国土空间调查、规划、用途管制用地用海分类指南(试行)》(自然资办发〔2020〕51 号)，在整合《土地利用现状分类》(GB/T 21010—2017)、《城市用地分类与规划建设用地标准》(GB 50137—2011)、《海域使用分类》(HY/T 123—2009)等分类基础上，建立全国统一的国土空间用地用海分类，适用范围为国土调查、监测、统计、评价，国土空间规划、用途管制、耕地保护、生态修复，土地审批、供应、整治、执法、登记及信息化管理等工作。根据该指南，用海分类包括 6 个一级类(渔业用海、工矿通信用海、交通运输用海、游憩用海、特殊用海和其他海域)和 16 个二级类。其中，工矿通信用海包括工业用海、盐田用海、固体矿产用海、油气用海、可再生能源用海和海底电缆管道用海共计 6 个二级类。工业用海是指开展海水综合利用、船舶制造修理、海产品加工等临海工业所使用的海域及无居民海岛。按照该指南，海水淡化浓海水排放的用海类型属于工业用海。

2023 年 11 月，自然资源部印发《国土空间调查、规划、用途管制用地用海分类指南》(自然资发〔2023〕234 号)(以下简称《指南》)，根据《指南》试行情况，结合自然资源调查监测、国土空间规划编制及"三区三线"划定、国土空间用途管制、耕地保护监督、自然资源开发利用、用地用海审批和执法监管的实际需要，以及更好地满足自然资源精细化管理要求，对《指南》试行稿予以修订并正式施行。根据《指南》，用海分类仍包括 6 个一级类，并与 2020 年版相同，但二级类较 2020 年版增加了 7 个。其中，特殊用海中新增加了排污倾倒用海。根据术语含义，排污倾倒用海指用来排放污水和倾倒废弃物的海域。按照《指南》，结合海水淡化浓海水排放口设置管理分类，海水淡化工程浓海水排放的用海类型宜界定为排污倾倒用海。

5.2.3　用海方式

我国用海方式划分主要执行《海域使用分类》(HY/T 123—2009)，按照海域使用特征及对海域自然属性的影响程度，划分为 5 个一级类和 21 个二级类(表 0-10)。根据该分类体系，海水综合利用用海的不同实体设施所涉用海方式有建设填海造地、海底电缆管道、取排水口和港池、蓄水，但对浓海水排放用海未作规定，无相应用海方式。鉴于浓海水排放系直接利用海域而不涉及填海造地、围海或设置构筑物，符合开放式用海的定义，故按该分类体系，浓海水排放的用海方式宜界定为专用航道、锚地及其他开放式，与温排水属于同一用海方式。

《关于印发〈调整海域 无居民海岛使用金征收标准〉的通知》(财综〔2018〕15 号)中的用海方式划分与《海域使用分类》(HY/T 123—2009)中的用海方式基本对应，区别在于海域使用金征收标准中的二级用海方式删除了"废弃物处置填海造地"，并新增了"其他围海用海和温、冷排水用海"。按照该文件，浓海水排放的用海方式宜界定为开放式用海中的专用航道、锚地及其他开放式。

2023 年 7 月 1 日，《海域使用论证技术导则》(GB/T 42361—2023)施行，"4.6 论证等级"中的"表 1 海域使用论证等级判据"在《海域使用分类》(HY/T 123—2009)确立的用海方式分类体系基础上，对项目用海方式的划分进行了部分调整，其他方式用海(一级用海方式)新增海水淡化浓盐水排放、温冷排水和其他取排水口(二级用海方式)。根据该导则，浓海水排放的用海方式应当界定为其他方式用海中的海水淡化浓盐水排放。

综上，浓海水排放用海方式根据《海域使用分类》(HY/T 123—2009)宜界定为开放式用海中的专用航道、锚地及其他开放式，而根据《海域使用论证技术导则》(GB/T 42361—2023)则应界定为其他方式用海中的海水淡化浓盐水排放。鉴于浓盐水排放是直接利用海域空间，本身不涉及围填海或设置构筑物，符合开放式用海的定义，而其他方式用海所包含的二级用海方式应当是不便于归入其他一级用海方式的情形，因此浓海水排放的用海方式当以界定为开放式用海之海水淡化浓盐水排放为宜，建议今后修订《海域使用分类》(HY/T 123—2009)时在用海方式分类体系中二级用海方式增加海水淡化浓盐水排放，并将其所属一级用海方式调整为开放式用海。

5.2.4　用海范围

1. 用海范围界定

《海水淡化浓盐水排放要求》(HY/T 0289—2020)规定了海水淡化装置排放浓

盐水的水质要求(表 0-8),检测指标包括温差、pH、铁、铝、总磷、铜、铬、镍共 8 项。鉴于海水淡化以反渗透和多效蒸馏等物理方法为主,基本不引入污染物,浓海水除含盐量较原料海水有所增加外,大部分理化性质变化不大,《海水淡化浓盐水排放要求》(HY/T 0289—2020)所列检测指标中各物质均来自原料海水,有别于属于新增外源污染物的污水达标排放,因而不宜以以上检测指标作为界定浓海水排放用海范围的指标。

根据相关研究,浓海水排放对海洋生态的影响主要源于盐升,影响程度取决于盐升程度、持续时间和海洋生物对盐升的适应能力。海水盐度自然波动一般可达平均盐度的 10%,海洋生物对盐度的自然波动具有一定的适应性,因此有学者认为盐升 10%可作为海洋生物对海水盐升忍耐力的保守估计[14]。国外浓海水入海监测表明,大多数海洋生物群落能够忍受 2.0~3.0psu 盐升,有些种类可忍受高达10.0psu 盐升,3.0psu 以下盐升对海洋生态环境没有影响[15]。因此,以浓海水入海后受纳海域海水的盐升值作为界定浓海水排放用海范围的指标,能够较好地反映浓海水入海对海洋生态环境的影响程度,具有良好的研究基础支撑。

鉴于 3.0psu 以下盐升对海洋生态环境没有影响,因而以盐升作为界定浓海水排放用海范围的指标时,应当取对海洋生态环境具有相对明显影响时的盐升值,结合目前相关研究成果和数值模拟、物理模型试验预测精度要求(±0.5psu),建议参考美国环境保护署(US EPA)规定的浓海水入海盐度标准(盐升≤4.0psu),以4.0psu 盐升作为界定浓海水排放用海的基准值,用海平面范围以人为造成 4.0psu盐升的水体所波及的半月潮期间最大包络线界定。

根据《海籍调查规范》(HY/T 124—2009),"在同宗海中当几种用海方式的用海范围发生重叠时,重叠部分的用海方式按照现行海域使用金征收标准较高的确定;当海域使用金征收标准相同时,以保证宗海内部单元的完整性确定。"浓盐水排放用海势必涉及排水口和(或)排水管道用海,根据保证宗海内部单元完整性原则,首先应界定排水管道海底电缆管道用海;根据按照现行海域使用金就高原则,然后应界定排水口取排水口用海,浓盐水排放用海为位于海底电缆管道用海和取排水口用海范围以外的 4.0psu 盐升水体所波及的半月潮期间最大包络范围。

2. 立体分层用海

2019 年 4 月,中共中央办公厅 国务院办公厅印发《关于统筹推进自然资源资产产权制度改革的指导意见》(中办发〔2019〕25 号),提出"探索海域使用权立体分层设权"。其后,国务院、自然资源部和沿海各省(市、区)陆续出台推进海域使用权立体分层设权的通知,规范和促进海域立体开发,对仅使用单层海域的跨海桥梁、海底电缆管道等线型工程,以及相互之间兼容性高或互补性强的项目实施立体分层设权。其中,浙江省自然资源厅已于 2022 年 11 月发布《浙江省海域使用权立体分层设权宗海界定技术规范(试行)》(浙自然资函〔2022〕117 号)，针对渔业用海、工业用海、交通运输用海、旅游娱乐用海、海底工程用海、排污倾倒用海和其他用海活动，规定了海域使用权立体分层设权宗海界定的原则与方法。

2023 年 11 月，自然资源部印发了《关于探索推进海域立体分层设权工作的通知》(自然资规〔2023〕8 号)，规定了海域使用立体分层设权宗海范围界定的原则与方法、宗海图编绘技术要求及图示图式等内容，提出"在不影响国防安全、海上交通安全、工程安全及防灾减灾等前提下，鼓励对跨海桥梁、养殖、温(冷)排水、海底电缆管道、海底隧道等用海进行立体分层设权，生产经营活动存在冲突的除外。"根据该通知，可对与浓海水排放用海类似的温(冷)排水用海进行立体分层设权。

根据项目用海特点与用海管理实践，海域立体分层设权适用范围主要有跨海桥梁、海底隧道、海底电缆管道、海上风电、光伏、养殖、温排水等用海。浓海水排放用海与温冷排水用海情形相同，均是利用海域水体空间，建议参考《浙江省海域使用权立体分层设权宗海界定技术规范(试行)》(浙自然资函〔2022〕117 号)关于温排水用海范围的规定，将浓海水排放用海的平面范围界定为按人为造成 4.0psu 盐升的水体所波及的最大包络区(扣除所涉海底电缆管道用海和取排水口用海)，立体分层设权用海高程范围为现状海床高程至平均海平面的整个水体空间。

3. 节约集约用海

海域使用应当坚持节约集约用海原则，促进海域资源的合理开发和可持续利用。在进行海水淡化工程海域使用论证时，应当对浓海水排放用海节约性专门进行评价。建议下一步深入研究不同工艺海水淡化工程生产规模与浓海水排放用海面积的相关性，结合受纳海域水动力条件等，提出可代表先进水平的万吨生产规模用海面积控制指标。对于需要设置多个浓海水排放口的，或者邻近岸段有多个海水淡化工程的，应当在满足浓海水扩散条件及工程施工安全等要求的基础上，尽量将排放口集中布置。

6　浓海水入海监测预测

浓海水入海后，在海洋动力作用下向周边海域扩散和稀释，会导致受纳海域海水盐度升高或降低，影响受纳海域生态环境，尤以盐升对海洋生态系统影响最大。如前所述，浓海水作为清净下水直接入海是目前最经济可行的处置方式，但必须考虑受纳海域盐升对海洋生态系统的影响，因为浓海水扩散范围和盐升程度关系到海洋保护区、生态保护红线等海洋功能区的生态影响评估，关系到海洋增养殖等其他开发利用活动、利益关系的协调和补偿，关系到海域资源的节约集约利用和生态环境保护，关系到我国海水淡化产业的可持续发展。其中，3.0psu 以上盐升对海洋生态环境影响较为显著，其分布范围、面积和持续时间是海洋资源环境影响评价、利益相关协调的依据，4.0psu 事关浓海水入海生态环境管理，也是今后加强和完善浓海水排放用海管理的重要参考。因此，开展浓海水入海的准确监测预测是十分必要的。

目前，可采用数学模型模拟、物理模型试验或两者相结合的方法，预测海水淡化工程浓海水入海扩散范围和受纳海域海水盐升程度。在项目选址、可行性研究、运营阶段，还需要采用现场监测、卫星遥感、航空遥感等原型观测手段，获取浓海水受纳海域的盐度数据，用于浓海水预测数学模型、物理模型试验的模型构建、计算试验、结果验证和后评估。但在海水淡化工程浓海水监测预测实践中，在背景盐度选取，现场监测范围、方法、断面、航线、站点、要素、分层、时间及频次确定，遥感盐度反演算法选用，预测模型、计算公式和模型参数选取等方面，缺少统一的技术规范，在监测预测结果验证、误差范围、成果分析过程与图表编制等方面缺少统一质量要求，因而无法保证浓海水入海后扩散范围、面积、盐升程度及分布预测结果的准确性，不利于科学评价浓海水生态环境影响。

鉴于此，我们全面梳理、认真分析了现有海水淡化工程浓海水相关法律法规政策、国内外相关技术标准和研究成果，系统总结了我国海水淡化工程浓海水监测预测技术与实践现状，在定点垂向剖面盐度实时监测、遥感数据规范化反演、背景盐度有效提取技术研发、浓海水数值模拟关键参数取值优化的基础上，编写了本书，目的是对海水淡化工程浓海水监测预测基本要求和背景盐度提取、现场监测、卫星遥感监测、航空遥感监测、数值模拟通用技术、数值模拟关键参数取值、物理模型试验等进行系统规范，以满足当前海水淡化工程浓海水监测预测需要。

第 1 篇　浓海水入海监测预测总体要求

第1部分 总 则

1 范 围

本部分规定了海水淡化工程浓海水入海现场监测、遥感监测、数值模拟、物理模型试验等工作的基本要求。

本部分适用于海水淡化工程浓海水入海后扩散范围和海水盐度监测预测。

地下卤水开采等产生的高盐度水体入海监测预测可参照执行。

2 规范性引用文件

以下为本部分规范引用的文件。

GB/T 12763.1—2007 海洋调查规范 第1部分：总则

GB/T 12763.2—2007 海洋调查规范 第2部分：海洋水文观测

GB/T 14914.2—2019 海洋观测规范 第2部分：海滨观测

GB/T 15920—2010 海洋学术语 物理海洋学

GB/T 15968—2008 遥感影像平面图制作规范

GB 17378.2—2007 海洋监测规范 第2部分：数据处理与分析质量控制

GB 17378.4—2007 海洋监测规范 第4部分：海水分析

GB/T 18894—2016 电子文件归档与电子档案管理规范

GB/T 19485—2014 海洋工程环境影响评价技术导则

GB/T 42361—2023 海域使用论证技术导则

HY/T 058—2010 海洋调查观测监测档案业务规范

HY/T 147.1—2013 海洋监测技术规程 第1部分：海水

HY/T 203.2—2016 海水利用术语 第2部分：海水淡化技术

HY/T 251—2018 宗海图编绘技术规范

HY/T 0289—2020 海水淡化浓盐水排放要求

JTS/T 231—2021 水运工程模拟试验技术规范

DB37/T 4219—2020 海洋监视监测无人机应用技术规范

T/CAOE 21.1—2020 海岸带生态减灾修复技术导则 第1部分：总则

T/CAOE 21.7—2020　海岸带生态减灾修复技术导则 第 7 部分：砂质海岸

T/CAOE 21.11—2020　海岸带生态减灾修复技术导则 第 11 部分：监管监测

3　术语和定义

3.1　海水淡化（sea water desalination）

使用海水淡化装置将原料海水中的盐分和其他矿物质去除，使其变为可饮用或可用于农业、工业等用途的水的过程。

3.2　浓海水（concentrated brine）

经海水淡化装置处理后产生的比原料海水盐度更高的海水，也叫浓盐水。

3.3　盐度（salinity）

表征海水中溶解盐类多少的量。

3.4　浓海水入海（concentrated brine discharge）

浓海水通过明渠、暗涵或管道注入海洋，入海位置可位于岸线附近，也可位于岸外水下及海底。

3.5　原料海水盐度（raw seawater salinity）

海水淡化工程取水口处的海水盐度，是计算海水淡化后浓海水初始盐度的依据，也叫取水盐度。

3.6　背景盐度（background salinity）

浓海水入海前受纳海域海水盐度及其时空变化特征，系确定浓海水入海后受纳海域海水盐度变化范围和程度的基准，也叫基准盐度、本底盐度、自然盐度。

3.7　盐升程度（salinity rising range）

浓海水入海后受纳海域盐度超过背景盐度的数值大小，可通过将预测或监测得到的浓海水入海后盐度减去背景盐度得到。

3.8　盐升历时（salinity rising duration）

浓海水入海后受纳海域盐度高于背景盐度的持续时间。

3.9　盐度日变幅变化（variation of daily salinity range）

受纳海域盐度日变幅的变化程度。

3.10　盐升区（salinity rising area）

浓海水入海后受纳海域盐度超过背景盐度的海域范围。

3.11　浓海水监测（brine discharge monitoring）

通过接触和非接触手段获得浓海水入海后受纳海域海水盐度的工作，常用的监测手段包括现场监测和遥感监测。

3.12　浓海水预测（brine discharge predicting）

针对浓海水入海后扩散范围、海水盐度及其变化的预测工作，常用的预测手段包括数值模拟和物理模型试验。

4　通　　则

4.1　目的

采用现场监测、遥感监测等监测方法以及数值模拟、物理模型试验等预测方法，获得海水盐度、浓海水扩散范围、盐升程度、盐升历时和盐度日变幅变化等数据资料，为科学评价浓海水入海对海洋生态环境的影响和浓海水入海管理提供依据。

4.2　原则

浓海水入海监测与预测应遵循以下原则。

1. 规范性

浓海水入海监测预测应采用科学的方法，监测预测技术选用和应用应符合相关标准和规范要求。

2. 代表性

浓海水入海监测断面、站位、水深层次和观测时间、频次应设置合理，所得数据资料可以代表监测预测海域的海水盐度及其时空变化特征。

3. 准确性

浓海水入海监测预测获得的数据资料应准确可靠，满足规定的精度和误差要求。

4. 可重复性

浓海水入海预测方法、技术与程序应科学合理，重复开展工作得到的结果应相同或满足规定误差要求。

5. 一致性

在满足规定误差要求的前提下，不同监测手段的监测结果之间、不同预测方法的预测结果之间、监测结果与预测结果之间应保持一致。

4.3 监测预测范围

浓海水入海监测预测范围确定应符合下列要求。

(1)浓海水入海监测预测范围应根据浓海水排放口位置、排放方式、流量、受纳海域自然条件和海洋开发保护情况确定，一般应包含排放口周围直径 30km 范围内的海域。

(2)数值模型的计算范围应足够大，反映浓海水受纳海域流场整体特征、涵盖浓海水最大扩散范围；开边界处的水文要素应不受海岸海洋工程影响，宜选在流场比较均匀、床面稳定性较好的区域；应包含可能影响取排水海域盐度的河口。

(3)物理模型试验段范围应根据浓海水入海位置与扩散范围、受纳海域水深地形条件、潮流等具体情况确定，应包括潮间带、可能影响取排水盐度的河口、浓海水入海工程及其可能影响范围。

4.4 质量控制

质量控制应贯穿包括数据资料获取在内的监测预测全过程。

4.4.1 数据资料收集

(1)收集的数据资料应说明来源，数据资料来源说明应包括引用资料、现场调查资料、现场勘查资料等。

(2)收集的海洋生态和渔业资源数据宜优先选用具备检验检测资质机构分析测试的数据。

(3)除历史统计数据外，沿岸海域的海洋地形地貌与冲淤状况、数值模拟所用的海洋水文等资料应采用 5 年以内调查获取的资料，沿岸海域以外的海洋地形地貌与冲淤状况、数值模拟所用的海洋水文等资料应采用 10 年以内调查获取的资料。

(4)如果监测预测范围内海洋地形地貌与冲淤、海洋水文变化剧烈，应采用变化以后调查获取的资料。

4.4.2 监测预测

(1)监测预测单位应建立质量管理体系并能有效运行，根据本单位的质量管理和调查项目要求制定质保大纲。

(2)监测人员应掌握海洋环境调查专业知识与技能，监测前应进行监测技能培训，监测工作应遵循相关安全作业要求。

(3)航空遥感监测人员应取得相应的驾驶员合格证。

(4)预测试验人员应掌握物理海洋、河口海岸等专业基础知识，具备数值模拟计算、物理模型试验等能力。

(5)监测仪器应进行计量检定校准，在检定周期内使用，所用仪器应能满足调查作业要求。

(6)数据处理分析和质量控制按 GB 17378.2—2007 和 GB/T 12763.1—2007 的有关规定执行。

5 监测预测方法

海水淡化工程不同，建设运营阶段(选址、可研及运营)需要开展的浓海水入海监测预测目的不同，监测预测方法及要求也不相同。

5.1 选址阶段

(1)选址阶段以资料收集和数据分析为主，辅以必要的现场监测和数值模拟。

(2)数据资料收集内容应包括与受纳海域有关的水文、气象、地形、海洋保护与利用以及海水淡化工程规模、工艺等资料，当收集数据资料不能满足要求时应开展现场监测。

(3)现场监测包括可为大面观测、断面观测或连续观测，具体内容及方法、频率、站位等要求详见本书第 2 篇第 3 部分。

(4)数值模拟可选用二维数学模型，水动力条件复杂时宜选用三维数学模型，数值模拟其他技术要求见本书第 3 篇第 6 部分和第 7 部分。

5.2 可研阶段

可研阶段应以现场监测和数值模拟为主，辅以必要的遥感监测和物理模型试验。

5.2.1 现场监测

(1)监测目的是查明浓海水受纳海域海水背景盐度及时空分布规律，并兼顾数值模拟和物理模型试验参数率定、模型制作、结果验证等需要。

(2)监测内容应包括浓海水入海及附近海域的海水盐度、水文、气象、水深及地形、底质等。

(3)现场监测包括连续观测、断面观测、大面观测、定点长期观测。

(4)具体内容及方法、频率、站位等要求见《浓海水入海监测预测技术手册》第2篇第3部分。

5.2.2 数值模拟

(1)数值模拟的目的主要是计算分析不同取排水工程方案浓海水入海后受纳海域海水盐度变化范围和盐升程度，为工程方案比选和平面布置优化提供依据。

(2)数值模拟应选用三维数学模型。

(3)数值模拟其他技术要求见本书第3篇第6部分和第7部分。

5.2.3 物理模型试验

(1)物理模型试验的目的是试验分析不同取排水工程方案浓海水入海后受纳海域海水盐度变化范围和盐升程度，并将其推广到原型中，从而为工程方案比选、平面布置优化及数值模拟提供参考。

(2)物理模型试验应在波流试验港池内进行，试验时应遵循相似准则。

(3)物理模型试验其他技术要求见本书第3篇第8部分。

5.2.4 遥感监测

(1)遥感监测的目的是掌握浓海水受纳海域表层海水背景盐度及时空分布规律，并为数值模拟和物理模型试验参数率定、结果分析提供参考。

(2)应收集浓海水受纳海域不同季节(丰水期、枯水期和平水期)、不同潮型(大潮、中潮、小潮)、典型潮时(涨急、涨憩、落急、落憩)的卫星遥感数据。

(3)除采用卫星遥感监测外，必要时应采用航空遥感进行监测。

(4)遥感监测其他技术要求见本书第2篇第4部分。

5.3 运营阶段

(1)运营阶段监测应以现场监测为主，辅以必要的遥感监测。

(2)现场监测的目的是查明运营阶段浓海水入海实际扩散范围、海水盐度及时空分布，掌握浓海水入海后海水盐度实际变化情况。

(3)现场监测应以大面观测、断面观测为主，重点监测取排水口附近、海洋生态敏感区、水产育苗场的盐度，具体内容、监测方法、频率、站位要求等详见本书第 2 篇第 3 部分。

(4)遥感监测包括卫星遥感监测和航空遥感监测，目的是获取浓海水入海及附近海域表层海水盐度的时空分布情况，具体技术要求见本书第 2 篇第 4 部分。

6　工　作　成　果

浓海水入海监测预测的工作成果主要包括成果报告、专题图件、数据集三部分。

6.1　成果报告

浓海水入海监测预测各项工作应形成相应的专题研究成果报告，报告编写应符合本部分附录 A 的要求。

6.2　专题图件

6.2.1　图件类型

图件包括浓海水受纳海域的盐度分布图、盐升分布图、盐升历时分布图、盐度日变幅曲线图、半月潮期间盐升包络线图以及面积统计表、盐度剖面图和其他必要的图件。

(1)绘制不同取排水方案、不同建设运营阶段、不同季节、不同潮型、不同水层、典型潮时的盐度分布图。

(2)绘制不同取排水方案、不同建设运营阶段、不同季节、不同潮型、不同水层、典型潮时的盐升分布图，应包含 1.0psu、2.0psu、3.0psu、4.0psu 及以上盐升等值线。

(3)绘制不同取排水方案、不同建设运营阶段、不同季节半月潮盐升包络线图，应包含 1.0psu、2.0psu、3.0psu、4.0psu 及以上盐升等值线。

(4)绘制不同取排水方案、不同建设运营阶段、不同季节、不同潮型、典型潮时沿垂直和平行潮流方向穿过排水口的盐度剖面图。

(5)其他图件,包括取排水工程平面布置图、排水口头部剖面图、监测预测范围图、监测站位分布图、水深地形图、潮流矢量图、波浪玫瑰图、潮位时间过程图、潮流时间过程图、波浪时间过程图、飞行航迹图、像控点分布图、遥感几何校正点分布图、数学模型网格图、物理模型总体布置图和模拟潮位验证对比图、潮流及流向验证对比图、盐度验证对比图、海洋生态敏感区与盐升包络线叠置图等。

6.2.2 图件要求

1. 整体要求

1)坐标系

应采用 CGCS2000 国家大地坐标系。

2)地图投影

应采用高斯-克吕格投影,宜按 1.5°分带。

3)深度基准

应采用当地理论深度基准面,远海区根据实际情况可以采用当地平均海平面。

4)高程基准

应采用 1985 国家高程基准。

5)分幅

须将所绘制地图按一定方式划分成尺寸适宜的若干单幅地图,以便专题地图制作和使用,有矩形分幅和经纬分幅两种常见形式,按照计算预测所需进行选择。

6)比例尺

应以数字和图标的方式表示,置于图框内,比例尺数值应规整,一般置于图面右下角位置,以不影响图面要素表达为宜。

7)图名

应置于图幅上部,距离上图廓外边缘 3mm。

8)指北针

一般采用箭头式,标注北方 N,黑白色显示,置于图面右上角,可适当调整位置。

9)地理信息标注

基础地理信息名称标注一般采用 14K 宋体,县级以上城市地名及重要基础地理信息名称标注可适当放大。

10)绘图内容

绘制盐升包络线图时应叠加岸线、构筑物、海洋生态敏感区及其他权属范围等，以便分析预测浓海水入海带来的影响。

11）其他要求

各图件除有特殊要求的专用图例之外，须执行《设计图例统一规定》（YS—G31—2003）。

2. 盐升等值线

盐升等值线绘制应符合以下要求：

1）盐升值获取

提取各网格（像元、测站）不同取排水方案、不同阶段、不同季节、潮型、典型潮时、水层的盐升值，得到不同工况的盐升及平面分布数据。

2）盐升等值线绘制

根据盐升平面分布数据，利用绘图软件生成间隔为 1.0psu 的盐升等值线，重点标出 1.0psu、2.0psu、3.0psu、4.0psu 及以上盐升等值线。

3. 盐升包络线

盐升包络线绘制应符合以下要求：

1）盐升包络线获取

将不同季节半月潮期间不同工况下盐升等值线分别叠置，同一季节同一盐升等值线取其最大外边界，得到各季节不同盐升包络线。

2）盐升包络线处理

对获得的各盐升包络线进行适当平滑处理，应保持处理前后的同一包络线面积基本不变。

4. 盐升图色标分级

在盐升分布图上，需通过分级来标示不同盐升范围，具体的分级标准及对应色标（RGB 值）参见表 1-1。

表 1-1　不同盐升范围制图分级表（增加 1.0psu 色阶）

盐升范围/psu	R 值	G 值	B 值	色彩图
<0	10	7	214	
0~1	255	255	255	
1~2	163	255	155	
2~3	255	255	0	
3~4	255	120	10	
4~5	255	0	195	
≥5	255	0	0	

6.3　数据集

（1）包括现场监测时仪器记录的原始数据、现场记录调查表、后期整理的过程数据、实验室内进行测试的分析报告等，以及有代表性、有保存价值的现场照片、影像资料。

（2）为确保数据应有的准确度，应从正确地记录现场监测的原始数据开始，对任何一个有计算意义的数据都要谨慎地估量。

（3）电子文件应按项目的要求格式进行生成和转换，如无具体要求，应按GB/T 18894—2016的规定采用下列通用格式：

①文字类型。如 XML、RTF、TXT 格式。

②图像文件。如 JPEG、TIFF 格式。

③音频文件。如 WAV、MP3 格式。

④视频和多媒体文件。如 MPEG、AVI 格式。

7　成　果　归　档

项目验收后应及时进行归档，归档内容和归档要求如下。

7.1　归档内容

（1）技术规格书、工作大纲、质保大纲、现场调查方案、成果报告、评审意见，以及业主单位提供的专题报告、数据资料、往来函件、合同书等。

（2）现场监测过程中收集整理或计算得到的资料，包括现场调查记录、数据处理成果、现场照片、影像资料、实验室测试分析报告等。

（3）不同阶段工况盐度分布图、盐升分布图、盐升历时分布图、盐度日变幅曲线图、盐升包络线图以及面积统计表、盐度剖面图和其他必要图件的可编辑文件。

（4）数值模拟原始结果和物理模型原始记录。

7.2　归档要求

（1）应由项目负责人负责组织对现状调查过程中所形成的有关文件材料整理立卷，归档材料应齐全、完整、准确、系统，按 HY/T 058—2010 的相应规定进行归档。

（2）归档文件材料应进行价值鉴定，以确定其保管期限和密级，按密级分为绝密、机密、秘密及不定密的内部文件、公开文件，并妥善保管。

（3）归档和移交的有关文件材料应是原件，同时要移交案卷目录、文件目录（卷内目录)、归档电子文件的目录及相应的电子版文件目录,归档移交记录表一式两份分别由移交单位和接收单位保存。

(4)进行归档时应保持文件内容的有机联系和电子文件的系统性、独立性、准确性,所得电子文件材料的归档时间、范围、技术环境、相关软件、版本、存贮载体类型、数据类型、格式、被操作数据及检测数据、文件备份等要注明,一般采用一次性写光盘存储,数据量较大时,可采用硬盘、磁带作为存储数据的载体。

本部分附录　××浓海水入海××专题报告格式

A.1　文本格式

A.1.1　文本规格
报告文本外形尺寸为 A4(210mm×297mm)。

A.1.2　封面格式
第一行书写:××浓海水入海××报告(一号宋体,加粗,居中);
第二行书写:编制单位全称(三号宋体,加粗,居中);
第三行书写:××××年××月(小三号宋体,加粗,居中);
以上各行间距应适宜,保持整个封面美观。

A.1.3　封里内容
封里中应分行写明:××报告编制单位全称(加盖公章);编制人、审核人姓名等内容。

A.1.4　内容格式
一级标题:(四号宋体,左对齐)。
二级标题:(小四号宋体,左对齐)。
三级标题:(五号宋体,左对齐)。
正文:(小五宋体)。

A.2　报告编写大纲要求

现场监测报告、遥感监测报告应符合本书第 3 部分附录的要求;数值模拟预测报告、数值模拟结果复验报告应符合本书第 4 部分附录的要求;物理模型试验报告应符合本书第 5 部分附录的要求。

第2部分 背景盐度提取

1 范　围

本部分规定了海水淡化工程浓海水入海监测预测中的背景盐度提取的数据资料准备、方法、流程等。

本部分适用于已建或拟建海水淡化工程浓海水受纳海域海水盐度监测预测中的背景盐度提取。

其他浓海水入海监测预测背景盐度提取可参照执行。

2 规范性引用文件

以下为本部分规范引用的文件。

GB/T 12763.2—2007 海洋调查规范 第2部分：海洋水文观测

GB/T 14914.2—2009 海洋观测规范 第2部分：海滨观测

GB/T 15968—2008 遥感影像平面图制作规范

GB/T 42361—2003 海域使用论证技术导则

HY/T 147.7—2013 海域监测技术规程 第7部分：卫星遥感技术方法

HY/T 203.2—2016 海水利用术语 第2部分：海水淡化技术

HY/T 0289—2020 海水淡化浓盐水排放要求

JTS 132—2015 水运工程水文观测规范

JTS/T 231—2021 水运工程模拟试验技术规范

3 术语和定义

3.1 背景盐度（background salinity）

浓海水入海前的受纳海域海水盐度及其时空变化特征，系确定浓海水入海后盐度变化范围和程度的基准，也叫基准盐度、本底盐度、自然盐度。

3.2　绝对水深（observing water depth）

现场监测获取的某一位置水面至海底的垂直距离，也叫现场水深。

3.3　标准观测水层（standard observation water layer）

现场监测的垂向水深在 σ 坐标系下的垂向位置，为无量纲量，亦称"标准水层深度"。

4　一般规定

4.1　目的

根据浓海水入海监测预测需要，利用现场监测数据、遥感监测数据或数值模拟数据，获取浓海水受纳海域的盐度及时空变化特征，为浓海水入海监测预测提供背景盐度数据。

4.2　原则

背景盐度提取应遵循以下原则：

4.2.1　适用性原则

背景盐度提取时应根据受纳海域的海水盐度特征，选择适当的提取方法、资料数据，监测站位数量、分布、监测时长应能反映盐度时空变化。

4.2.2　一致性原则

(1)用于同一监测预测目的的背景盐度提取方法需一致。
(2)用同一方法提取不同时间背景盐度时所用盐度数据的站位、遥感像元位置、观测水层、模拟计算范围及模型基本设置应相同。

4.3　质量控制

按本书第 1 篇第 1 部分的要求执行。

4.4　工作成果

按本书第 1 篇第 1 部分的要求执行。

5　数据资料准备

5.1　确定范围

按本书第 1 篇第 1 部分的要求执行。

5.2　数据资料准备

(1)收集整理浓海水受纳海域及附近海域的现场监测盐度数据、遥感数据及相关资料。

(2)用于径流影响大的海域背景盐度提取的现场监测资料，应包含当地枯水期、丰水期内不少于 30 天各水层、各典型潮时(涨急、涨憩、落急、落憩)的盐度监测数据。

(3)用于径流影响小的海域背景盐度提取的现场监测资料,应包含当地平均盐度最大、最小季节的不少于 26h 逐时盐度监测数据；遥感监测数据应包含两个季节获取的不少于三个成像时刻的影像数据。

(4)用于盐度反演的遥感数据，其空间分辨率、成像时间、云覆盖和谱段要求等应满足本书第 2 篇第 4 部分和第 5 部分的要求。

(5)完成数据资料的预处理，包括数据校正、异常值剔除等。

(6)收集浓海水受纳海域的历史水深、地形、径流、潮汐、海流、盐度、气压、降水等海洋水文气象数据，数据质量要求应满足本书第 3 篇第 6 部分的要求。

6　背景盐度提取方法

6.1　特征点法

采用某一站位的现场监测海水盐度作为背景盐度，其计算要求和步骤如下。

(1)用于计算背景盐度的海水盐度应是现场监测数据。

(2)待求盐升的站位和作为背景盐度的监测站位监测时间、水层相对水深应一致。

(3)使用水层盐度作为背景盐度时，如果待求盐升站位和背景盐度站位存在水深差异，应将绝对水深换算到相对水深，换算公式为

$$\sigma = \frac{z}{H} \tag{2-1}$$

式中，σ 为监测站位相对水深，无量纲；z 为盐度观测层绝对水深，m；H 为盐度观测时的瞬时总水深，m。

6.2　多点平均法

采用多个站位的现场监测海水盐度平均值作为背景盐度，计算要求和步骤如下。

(1)用于计算背景盐度的海水盐度应是现场监测数据，监测站位数量不少于 6 个且分散度较高。

(2)用于计算背景盐度的多个监测站位之间盐度的差值不应大于 1.0psu。

(3)待求盐升的站位和用于计算背景盐度的监测站位的盐度观测时间、水层相对水深应一致。

(4)使用非表层盐度作为背景盐度时，如果不同站位存在水深差异，应根据公式(2-1)将绝对水深换算到相对水深。

6.3　基线分割法

基线分割法示意图如图 2-1 所示。

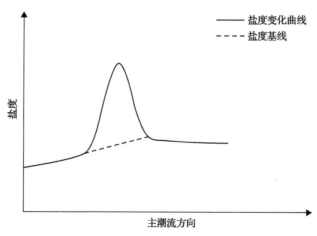

图 2-1　基线分割法示意图

采用浓海水入海后沿穿过排水口的受纳海域断面的海表或水层盐度曲线的基线盐度作为背景盐度，其计算要求和步骤如下。

(1)用于绘制盐度曲线的断面应平行于主潮流方向，长度应涵盖可能受浓海水影响的最大范围。

(2)选取取排水工程所在海域的遥感数据作为数据源,通过反演得到海表盐度数据,也可采用现场监测得到的海表或水层盐度数据。

(3)基于遥感反演盐度或现场监测盐度数据绘制盐度沿断面变化曲线。

(4)在曲线两端分别确定盐度变化拐点,连接两拐点得到盐度基线,两个拐点盐度差值应小于 0.5psu。

(5)计算两个拐点盐度的平均值,得到背景盐度。

6.4　多期平均法

采用不受浓海水入海影响海域多期遥感数据反演的海表盐度作为背景盐度,计算要求和步骤如下。

(1)选取取排水工程所在海域当地平均盐度最大、最小季节的同一传感器遥感数据,每季至少应有三期数据。

(2)通过遥感定量反演获取监测海域的海表盐度,具体方法详见本书第 2 篇第 4 部分。

(3)剔除可能受径流影响的像元。

(4)计算同一像元各期反演结果的均值,得到各季节背景盐度场。

6.5　区域平均法

采用浓海水入海影响范围外一定区域的遥感反演海表盐度均值作为背景盐度,其计算要求和步骤如下。

(1)根据监测需要,获取取排水工程所在海域浓海水入海后的遥感数据。

(2)通过遥感定量反演获取监测海域的海表盐度,具体方法详见本书第 2 篇第 4 部分。

(3)提取遥感反演盐度高于反演结果平均值 0.5psu 等值线。

(4)计算该等值线至监测范围边界之间全部像元盐度的平均值,得到背景盐度。

6.6　数模重构法

采用数值模拟方法重构浓海水入海前的海水盐度作为背景盐度,其计算要求和步骤如下。

(1)构建数学模型,确定关键参数,具体方法详见本书第 3 篇第 6 部分。

(2)对于受径流影响较大的海域,需利用三维模型;对于受径流影响较小的海域，可利用二维模型。

(3)使用现场监测数据，验证数值模型的准确性，具体方法详见本书第 3 篇第 6 部分。

(4)利用验证后的数学模型，计算浓海水入海前的海水盐度，得到背景盐度。

7 提取方法选用

7.1 浓海水入海前背景盐度提取

7.1.1 径流影响较小海域

(1)当受纳海域盐度空间变化不显著且监测站位较多时，建议优先采用多点平均法提取海域背景盐度。

(2)当受纳海域盐度水平分布均一且监测站位较少时，可采用特征点法提取海域背景盐度。

(3)当受纳海域具备同一传感器多期遥感数据时，可采用多期平均法提取海域背景盐度。

(4)当受纳海域无监测数据和可用于盐度反演的遥感数据时，应采用数模重构法提取海域背景盐度。

7.1.2 径流影响较大海域

(1)当提取受纳海域背景盐度时，建议优先采用数模重构法。

(2)当提取特定地点背景盐度时，可采用特征点法。

7.2 浓海水入海后背景盐度提取

7.2.1 径流影响较小海域

(1)当浓海水受纳海域监测站位较多或具备可用于盐度反演的遥感数据时，建议优先采用基线分割法，提取海域背景盐度。

(2)当浓海水影响海域外侧盐度空间变化不显著且监测站位较多时，建议优先采用多点平均法提取海域背景盐度。

(3)当浓海水影响海域外侧盐度空间变化不显著且具有同一传感器多期遥感数据时，可采用多期平均法，也可采用区域平均法。

(4)当受纳海域无监测数据和用于盐度反演的遥感数据时，应采用数模重构法提取海域背景盐度。

7.2.2 径流影响较大海域

应采用数模重构法提取海域背景盐度。

8 提 取 成 果

8.1 结果形式

背景盐度可用瞬时或时段平均的海表盐度、垂向平均盐度或水层盐度表示，所提取的背景盐度可为点数据、线数据、面数据，应反映当地海水盐度的时空变化特征。

(1)单个数据表示的海表或水层背景盐度为点数据。特征点法、多点平均法、基线分割法、区域平均法及浓海水入海后用多期平均法直接获取的背景盐度为点数据。

(2)沿垂线或水平断面分布的背景盐度为线数据。通过特征点法、多点平均法得到垂向各水层的盐度数据为线数据，基于多期平均法获得的面数据可提取典型断面上的线数据，不同特征点沿水平断面上盐度数据也为线数据，其结果可用曲线图或表格表示。

(3)分布在海表或水层的多个数据为面数据。数模重构法及浓盐水入海前用多期平均法得到的水层或海表盐度数据为面数据，其结果可用等值线图表示。较多特征点沿平面分布的盐度数据通过插值可得到等值线图。

8.2 径流影响大海域的背景盐度

对受径流影响大的海域，背景盐度应包含当地枯水期、丰水期内各水层、各典型潮时(涨急、涨憩、落急、落憩)的平均盐度。

(1)监测水层划分按照本书第2篇第3部分执行，预测水层划分按照第3篇第6部分执行。

(2)用特征点法提取背景盐度时，连续监测时间应不少于30天。

(3)用数模重构法提取背景盐度时，模型稳定后应连续计算不少于30天。

(4)应分别表示不同季节、不同水层、各典型潮时的背景盐度。

8.3 径流影响小海域的背景盐度

对受径流影响小的海域，背景盐度应至少包含当地平均盐度最大、最小季节的海表平均盐度。

（1）用特征点法、多点平均法提取背景盐度时，连续监测时间应不少于 26h。

（2）用多期平均法、区域平均法提取背景盐度时，应为同一传感器不少于 3 个成像时刻的遥感影像。

（3）用基线分割法提取背景盐度时，应分别选取当地平均盐度最大、最小季节的遥感影像。

8.4　其他要求

按照本书第 1 篇第 1 部分执行。

第 2 篇　浓海水入海监测技术

第3部分 现场监测

1 范 围

本部分规定了海水淡化工程浓海水入海现场监测的内容、方法、频次与时间等。

本部分适用于已建或拟建海水淡化工程浓海水受纳海域海水盐度及水动力、气象监测。

其他浓海水入海现场监测可参照执行。

2 规范性引用文件

以下为本部分规范引用的文件。

GB/T 12763.2—2007 海洋调查规范 第2部分：海洋水文观测

GB/T 12763.3—2020 海洋调查规范 第3部分：海洋气象观测

GB/T 14914.2—2019 海洋观测规范 第2部分：海滨观测

GB/T 15968—2008 遥感影像平面图制作规范

GB/T 17378.4—2007 海洋监测规范 第4部分：海水分析

GB/T 19485—2014 海洋工程环境影响评价技术导则

GB/T 42361—2023 海域使用论证技术导则

HY/T 147.1—2013 海洋监测技术规程 第1部分：海水

HY/T 147.7—2013 海域监测技术规程 第7部分：卫星遥感技术方法

HY/T 191—2015 海水冷却水中铁的测定

HY/T 203.2—2016 海水利用术语 第2部分：海水淡化技术

HY/T 0289—2020 海水淡化浓盐水排放要求

JTS 132—2015 水运工程水文观测规范

JTS/T 231—2021 水运工程模拟试验技术规范

3 术语和定义

3.1 断面观测(sectional observation)

在监测海域布设若干个呈水平直线分布的观测点(站位),沿由这些观测点的垂线所构成的断面在各观测点上进行的海洋观测称为断面观测。

3.2 大面观测(extensive observation)

在监测海域布设若干观测点,船到站即测即走的海洋观测。

3.3 连续观测(continuously observation)

在监测海域有代表性的观测点上,连续进行 26h 以上的海洋观测。

3.4 同步观测(synchronous survey)

在监测海域若干观测点上,同时进行相同海洋环境要素的观测。

3.5 走航观测(running observation)

根据预先设计的航线,使用单船或多船携带走航式传感器采集观测海洋环境要素数据。

3.6 定点长期观测(fixed long-term observation)

在监测海域的固定观测站位,采用浮标等自动监测设备连续观测海洋环境要素,观测时长不小于一周年。

3.7 温盐深仪(conductivity-temperature-depth, CTD)

用于测量海水温度、盐度和深度垂直连续变化的自记仪器。

3.8 抛弃式温盐深仪(expendable conductivity-temperature-depth, XCTD)

一种在船只以规定船速航行下投放,用于测量温度、盐度和深度的仪器。

3.9 声学多普勒海流剖面仪(acoustic Doppler current profiler, ADCP)

以声波在流动液体中的多普勒频移来测量流速的仪器。

3.10 海洋生态敏感区（marine eco-environment sensitive area）

海洋生态功能与价值较高，且遭受损害后较难恢复其功能的海域，分为重要敏感区和一般敏感区。重要敏感区主要包括各级自然保护区、国家公园、生态红线区中优先控制单元、领海基点、特殊生态环境（红树林、珊瑚礁、海草（藻）床、盐沼等）、珍稀濒危海洋生物的天然集中分布区。一般敏感区主要包括河口、海湾、海岛及其周围海域，重要水生生物的产卵场、索饵场、越冬场和洄游通道，种质资源保护区和海洋特别保护区，天然渔场，海洋自然历史遗迹和自然景观、生态红线一般控制区等。

3.11 海流（ocean current）

海水的宏观流动，以流速和流向表征。

4 一 般 规 定

4.1 目的

查明浓海水受纳海域海水盐度与水动力、气象及其时空分布，为计算分析海水背景盐度和浓海水入海后盐度变化提供基础数据，同时满足数值模拟和物理模型试验参数率定、模型制作、结果验证等需要。

4.2 监测范围

按本书第 1 篇第 1 部分的要求执行。

4.3 质量控制

按本书第 1 篇第 1 部分的要求执行。

4.4 工作成果

按本书第 1 篇第 1 部分的要求执行。

4.5 资料和成果归档

按本书第 1 篇第 1 部分的要求执行。

5 海水盐度

5.1 连续观测

5.1.1 站位布设

(1)应考虑受纳海域海水盐度时空分布特点,根据全面覆盖、重点代表的原则布设,数量不少于 6 个。

(2)在预设取水口、排水口附近应加密布设,在河口口门及其内外两侧均要布设点位。

(3)当涉及海洋生态敏感区、水产育苗场时,应适当增加站位。

(4)在站位布设前,应对监测海域水深进行观测,也可通过历史监测资料了解海域水深情况,并根据水深情况确定站位和观测层次。

(5)标准观测层次如表 3-1 所示,在排水口和河口口门附近应垂向加密观测。

(6)观测前应列出监测站位表和分布图,图表格式见本部分附录 A。

表 3-1 海水盐度监测标准观测层次划分

水深 H/m	标准观测水层
<5	表层、底层
5~10	表层、$0.2H$、$0.6H$、底层
>10	表层、$0.2H$、$0.6H$、$0.8H$、底层

注:表层为水面下 0.5m,底层为海底面上 0.5m,当海水盐度垂向变化剧烈时观测层次可适当增加。

5.1.2 监测时间及频次

监测时间和频次应根据监测海域的水动力特征确定,观测应在不少于两个季节的大潮期、中潮期、小潮期分别开展,受河流径流影响较大海域应包含丰水期和枯水期,受径流影响较小的开阔海域应包含盐度最高的季节和盐度最低的季节。

连续观测时间应不少于 26h,观测时每个整点记录一次。

5.1.3 监测方法

可使用温盐深仪等监测设备观测,观测时应同步记录实际观测位置。

盐度观测前应先测量观测点水深。

有关要求按照 GB/T 12763.2—2007 的有关规定执行。

5.1.4 质量要求

按照 GB/T 12763.2—2007 和 GB/T 14914.2—2019 的有关规定执行。

5.2　断面观测

5.2.1　断面布设

(1) 应考虑受纳海域水深和盐度分布特点，根据全面覆盖、重点代表的原则布设，断面走向应与主潮流流向或岸线垂直，数量应不少于 5 条。

(2) 在排水口和河口口门附近应布设断面，当涉及海洋生态敏感区、水产育苗场时应适当增设断面。

(3) 沿断面水平直线观测点布设应根据需要确定，每条断面点位数量应在 3 个以上，在排水口和海洋生态敏感区及附近应设观测点位，在河口口门及其内外两侧均要布设点位。

(4) 运营阶段观测点位应不少于 20 个，在 3.0psu 盐升等值线附近应布设点位。

(5) 垂线分层根据需要确定，分层时可参照表 3-1。在排水口和河口口门附近应垂向加密观测。

(6) 观测前应画出断面分布图，格式见本部分附录 A。

5.2.2　观测时间及频次

应根据监测海域的海水盐度和水动力特征确定观测时间和频次。观测应在不少于两个季节的大潮、中潮、小潮期分别开展，受河流径流影响较大海域应包含丰水期和枯水期，开阔海域应包含盐度最高的季节和盐度最低的季节。

5.2.3　监测方法

可使用抛弃式温盐深仪和温盐深剖面仪等监测设备观测，有关要求按照 GB/T 12763.2—2007 的有关规定执行。

观测前应先测量水深，观测时应同步记录实际观测位置。

同一断面上各测点的观测工作应在尽可能短的时间内完成。

5.2.4　质量要求

按照 GB/T 12763.2—2007 和 GB/T 14914.2—2019 的有关规定执行。

5.3　定点长期观测

5.3.1　站位布设

(1) 应在取水口和排水口附近分别布设站位。当取水口和排水口位于河口区时，应在口门附近增设站位。

(2)当涉及海洋生态敏感区时可根据需要增加站位。

(3)站位布设应避开航道、锚地等。

(4)应包括垂向不同标准水深层次的观测,标准水深层次划分参照表 3-1,在排水口和河口口门附近应垂向加密观测。

(5)观测前应给出站位分布图表,图表格式见本部分附录 A。

5.3.2 观测时间

受径流影响较小的开阔海域应包含平均盐度最高季节和盐度最低季节,每季观测时间不少于 3 个月。当涉及河口、海洋生态敏感区时,应进行周年观测。

5.3.3 质量要求

质量要求按照 GB/T 12763.2—2007 和 GB/T 14914.2—2019 的有关规定执行。

5.4 大面观测

5.4.1 站位布设

(1)应考虑受纳海域海水盐度时空分布及盐升情况,根据全面覆盖、重点代表的原则布设,数量不少于 20 个,可兼顾连续观测、断面观测及定点长期观测站位(点位)。

(2)在取水口、排水口附近应加密布设,在河口口门及其内外两侧应布设点位。

(3)当涉及海洋生态敏感区、水产育苗场时应适当增加站位。

(4)观测前应列出监测站位表和分布图,图表格式见本部分附录 A。

5.4.2 观测时间及频次

应根据监测海域的海水盐度和水动力特征确定观测时间和频次。观测应在不少于两个季节的大潮期、中潮期、小潮期分别开展,受河流径流影响较大海域应包含丰水期和枯水期,受径流影响较小的开阔海域应包含盐度最高的季节和盐度最低的季节。

5.4.3 监测方法

可使用温盐深仪等监测设备观测,有关要求按照 GB/T 12763.2—2007 的有关规定执行。

观测前应先测量水深,观测时应同步记录实际观测位置。

观测水深不超过 0.5m,不同站点之间应尽量保持一致。

观测工作应在尽可能短的时间内完成。

5.4.4　质量要求

按照 GB/T 12763.2—2007 和 GB/T 14914.2—2019 的有关规定执行。

5.5　走航观测

5.5.1　航线布设

（1）应考虑受纳海域水深和盐度分布特点，根据重点代表的原则布设，航线走向应与主潮流流向或岸线垂直。

（2）观测前应画出航线分布图，格式见本部分附录 A。

5.5.2　观测时间及频次

根据需要确定观测时间和频次，同一航线观测应在海水盐度、水文动力未发生明显变化的时间内完成。

5.5.3　监测方法

可使用抛弃式温盐深仪和走航式温盐深仪等监测设备观测，有关要求按照 GB/T 12763.2—2007 的有关规定执行。

5.5.4　质量要求

按照 GB/T 12763.2—2007 和 GB/T 14914.2—2019 的有关规定执行。

6　海水温度

站位布设与盐度观测相同，观测时间及频次与盐度观测同步，其他规定按照《滨海核电温排水监测预测技术规范》的有关规定执行。

7　海　　流

7.1　站位布设

（1）监测范围在垂直于潮流主流向上一般不小于 5km，在平行潮流主流向上一般不小于一个潮周期内水质点可能到达的最大水平距离的两倍。

（2）站位布设应具有代表性，沿潮流主流向的断面数量应不少于 3 条，每条断面应布设 2～3 个站位，当涉及海洋生态敏感区时应适当增设站位。

(3)监测范围内有盐度监测站位时，海流监测站位布设应兼顾盐度连续观测和定点长期观测站位。

(4)海流观测前应给出监测站位分布图和站位表，图表格式见本部分附录 A。

(5)运营阶段当取排水工程对受纳海域水动力影响显著，或者工程附近海域有其他新建工程时，可适当增加海流监测站位。

7.2　观测时间及频次

观测时间及频次与盐度连续观测同步。具体要求按照 GB/T 12763.2—2007 的有关规定执行。

7.3　监测方法

按照 GB/T 12763.2—2007 的有关规定执行。

7.4　质量要求

按照 GB/T 12763.2—2007 和 GB/T 14914.2—2019 的有关规定执行。

8　潮　位

8.1　站位布设

(1)应选择水流畅通、流速平稳、淤积较弱、波浪影响较小的海域，当地理论最低潮位水深一般不小于 1m。

(2)一般不少于 1 个站位，布设时应考虑工程所在海域的潮位空间差异，站位可与海流观测站位相近和相同。

(3)观测前应给出站位分布图和站位表，图表格式见本部分附录 A。

8.2　观测时间及频次

应分别开展代表性两季观测，观测时间应不少于 30 天。
当涉及河口时，应开展丰水期、枯水期观测。

8.3　监测方法

按照 GB/T 14914.2—2019 的有关规定执行。

8.4　质量要求

按照 GB/T 12763.2—2007 和 GB/T 14914.2—2019 的有关规定执行。

9　气　　象

气象观测要素应包括海域气温、风、相对湿度、气压、降雨等。气温、风、相对湿度宜在包括海表、平均海面以上 2m、10m 处观测。具体要求按照 GB/T 12763.3—2020 和 GB/T 14914.2—2019 有关规定执行。

如果有温排水同时排放，需开展气象要素观测，观测要求按照《滨海核电温排水监测预测技术规范》的有关规定执行。如果没有温排水排放，可不开展气象要素观测。

本部分附录

附录 A　海水盐度现场监测记录表格式

项目编号：				项目名称：			断面编号：			
站位编号	实际位置		观测时间（时/分/秒）	水深 H/m	水位/m	标准水层	盐度/psu	温度/℃	流速/(cm/s)	流向/(°)
	经度	纬度								
						表层				
						0.2H				
						0.6H				
						0.8H				
						底层				
						表层				
						0.2H				
						0.6H				
						0.8H				
						底层				
监测方式：			仪器设备：							
监测单位：				监测人员：						
记录人：							监测日期：　　年　月　日			

附录 B　海水盐度现场监测站位图

项目名称：	项目编号：		
站位图：	站位坐标：		
		经度	纬度
	坐标系		投影	
	高程标准		
	绘图人		绘图时间	

附录 C　海水淡化工程浓海水入海现场监测专题报告大纲

1　项目概况

2　监测内容

    2.1　海水盐度

    2.2　海水温度

    2.3　水动力

    2.4　气象

3　监测工作

    3.1　实施依据

    3.2　技术路线

    3.3　站位布设

    3.4　观测时间

    3.5　观测方法

    3.6　资料处理与分析

4　质量控制

    4.1　组织结构设置

    4.2　质量保证制度

    4.3　仪器设备控制

    4.4　过程控制

    4.5　记录控制

5　海水盐度监测结果分析

第 4 部分 卫星遥感监测

1 范　围

本部分规定了海水淡化工程浓海水受纳海域海表盐度卫星遥感监测的技术内容、程序和方法。

本部分适用于已建和拟建海水淡化工程浓海水受纳海域海表盐度监测。

2 规范性引用文件

以下为本部分规范引用的文件。

GB/T 14950—2009　摄影测量与遥感术语

GJB 421A—1997　卫星术语

GJB 2700—1996　卫星遥感器术语

HY/T 133—2010　海水中颗粒物和黄色物质光谱吸收系数测量　分光光度法

HY/T 147.7—2013　海洋监测技术规程　第 7 部分：卫星遥感技术方法

3 术语和定义

3.1 卫星遥感(spaceborne remote sensing)

通过人造地球卫星上的传感器，利用电磁辐射测量方法，主要获取地球及大气层的某些信息的技术。主要包括光学遥感和微波遥感。

3.2 光学遥感(optical remote sensing)

光学遥感是利用电磁辐射中的可见光和近红外等波段来获取地球表面信息的一种遥感技术。

3.3 微波遥感(microwave remote sensing)

传感器工作波段限于微波波段范围之内的遥感。

3.4　像元（pixel）

包含空间和光谱两个变量的遥感图像数据单元。其中，空间变量确定了分辨单元的视在尺寸，光谱变量确定了这个分辨单元在具体信道中的光谱响应响度。

3.5　空间分辨率（spatial resolution）

遥感系统能区分的两个邻近目标之间的最小角度间隔或线性间隔。

3.6　黄色物质（gelbstoff）

海水溶解有色有机物质中的一类结构未知的复杂高分子量化合物的混合物，如腐殖酸等。

3.7　几何校正（geometric correction）

通过投影变换和影像套合等方法消除影像的几何畸变。

3.8　大气校正（atmospheric correction）

消除大气因素对卫星遥感测量参数影响的各种处理。

3.9　辐射校正（radiometric correction）

消除或减弱数据获取和传输系统因外界因素而产生的系统性、随机性辐射失真或畸变。

3.10　亮温（brightness temperature）

同一波长下若实际物体与黑体的光谱辐射强度相等，则此时黑体的温度被称为实际物体在该波长下的亮度温度，简称亮温。

3.11　黑体（blackbody）

对任何波长的辐射全部吸收的物体称为黑体。

3.12　表观辐亮度（TOA radiance）

大气顶层的辐射亮度，卫星在大气顶层单位面积、单位波长、单位立体角内接受到的辐射通量。

3.13　水陆分离（water-land separation）

去除掉某区域范围内影像的陆地信息，只保留水体信息。

3.14　云检测（cloud detection）

对于有云覆盖的影像，区分云与背景影像，提取并剔除云覆盖区域[87-91]。

4　一般规定

4.1　目的

利用光学遥感、微波遥感影像反演浓海水受纳海域的海表盐度，查明浓海水受纳海域海表盐度，计算海水淡化工程浓海水入海后受纳海域海表盐度变化，并分析其时空分布特征。

4.2　监测内容

（1）获取浓海水入海前后受纳海域不同季节、不同潮型的海表盐度。

（2）在有合适遥感影像时，获取浓海水受纳海域不同典型潮时（涨急、涨憩、落急、落憩）的海表盐度。

（3）根据背景盐度提取结果，获取浓海水入海后受纳海域海表盐度和盐升的分布、范围和面积。

4.3　质量控制

按本书第1篇第1部分的要求执行。

4.4　工作成果

按本书第1篇第1部分的要求执行。

4.5　资料和成果归档

按本书第1篇第1部分的要求执行。

5　流　　程

浓海水入海后海表盐度卫星遥感监测包括数据获取与预处理、计算方法选择、海表盐度计算、海表盐度验证、结果分析等环节。实际监测时，可根据所选用的光学遥感影像或微波遥感影像，确定具体技术流程和方法（图 4-1、图 4-2）。

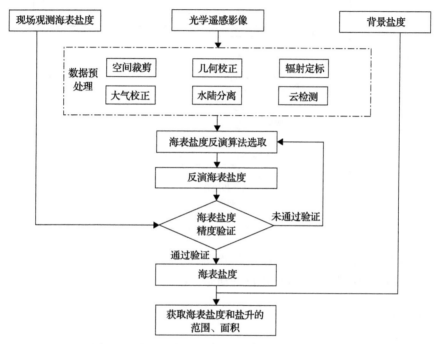

图 4-1　受纳海域海水盐度光学遥感卫星监测流程

6　资料获取

6.1　遥感影像

（1）遥感影像监测范围应覆盖浓海水受纳海域，拼接影像应为同一传感器成像且成像时间差不超过 5min。

（2）光学遥感影像监测范围内的云覆盖率不应超过 5%。

（3）光学遥感波段应介于可见光 350～680nm 之间，推荐优先选用 412nm、488nm、490nm、531nm、551nm、555nm、560nm、665nm、667nm 波段。

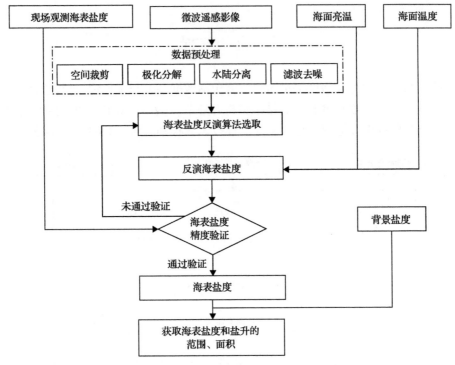

图 4-2 受纳海域海水盐度微波遥感卫星监测流程

(4)微波波段至少应有 L 波段或 S 波段。

(5)宜选用空间分辨率 30m 以内的遥感影像。

6.2 大气相关数据

(1)具备观测条件时，应有成像时刻的大气透过率、大气上行辐射和大气下行辐射数据。观测站位应位于排水口 10km 范围内，观测数据绝对误差应小于 3%。

(2)不具备观测条件时，可利用微波卫星、高（多）光谱卫星模拟或 MODTRAN、6S 大气模型模拟分析得到上述数据，模拟分析时应利用两种及以上模型交互验证，相对误差应小于 5%。

(3)数据选用的优先顺序为观测数据、卫星模拟数据、大气模型模拟数据。

6.3 海面温度

(1)具备测量条件时，应采用现场观测的海面温度，观测时间与遥感影像成像时间差不应超过 30min。

(2)不具备测量条件时，可利用遥感反演的方式获取。反演海面温度遥感影像与反演海表盐度遥感影像的成像时间差不应超过 30min，反演方法主要有辐射传输方程法、Qin 单窗算法、Qin 劈窗算法、普适单窗算法等，应利用两种及以上模型交互验证反演精度，具体要求参照《滨海核电温排水监测预测技术手册》执行。

7　遥感影像预处理

7.1　光学遥感影像

7.1.1　空间裁剪

(1)从遥感影像上裁剪出用于海表盐度反演的区域,裁剪范围应覆盖浓海水入海监测预测海域。

(2)根据制图时表达周边标志性地理要素需求,可适当扩展裁剪范围。

7.1.2　几何校正

(1)选择原始遥感影像上的陆域道路交叉口、河流分叉拐弯处、桥梁、建筑物、电厂附近岸线拐点、养殖池围堤拐点、防波堤端点、码头前沿、海岛上明显地物点等为校正点。

对几何畸变较小的影像,校正点应不少于 15 个;对几何畸变程度较大的影像,校正点应不少于 30 个,且应优先在影像边缘选择校正点;几何畸变程度相近的区域校正点要均匀分布。

(2)在影像上确定校正点后,求出这些校正点的地理坐标,然后利用校正软件得到校正参数,最后对影像进行校正。

(3)校正后的遥感影像水平平均误差应小于 1 个像元。

7.1.3　辐射定标

(1)基于卫星数据头文件提供的信息,利用绝对定标系数将灰度值图像转换为表观辐亮度图像,计算公式为

$$L_{\text{sensor}} = \text{DN} \cdot \text{gain} + L_0 \tag{4-1}$$

式中,L_{sensor} 为表观辐亮度, $\text{W}/(\text{m}^2 \cdot \text{sr} \cdot \text{μm})$;DN 为灰度值,无量纲;gain 为绝对定标增益, $\text{W}/(\text{m}^2 \cdot \text{sr} \cdot \text{μm})$;L_0 为绝对定标系数偏移量, $\text{W}/(\text{m}^2 \cdot \text{sr} \cdot \text{μm})$ 。

(2)参数 gain 和 L_0 依据卫星数据头文件存储数据确定;对尚未公布 gain 和 L_0 的传感器,可参照前人研究成果或有关机构验证过的经验数值。

7.1.4 大气校正

(1)具备现场同步测量条件时，应采用地面线性回归模型法校正。首先，在成像时刻现场测量已选特定地物的地面反射光谱。然后，提取遥感影像上特定地物的表观辐亮度。最后，建立两者之间的线性回归方程式，计算影像全部像元的地表真实反射率。现场光谱采样点数量不少于 20 个，其中水面光谱采样点不少于10 个；光谱实测与影像成像时的时间差不应超过30min。

(2)不具备现场同步测量条件时，可用大气辐射传输模型法获取地表真实反射率，包括 MODTRAN 模型、6S 模型、FLAASH 模型等。应采用两种以上大气辐射传输模型对校正结果进行交叉验证，地表真实反射率的相对误差不大于10%。

7.1.5 云检测

(1)若遥感影像为多光谱和高光谱影像时，可利用阈值法进行云检测。通过获取各个光谱段云和下垫面分类的初步阈值，得到潜在的云像素层，再利用统计学和形态学的方法，计算出云层和云阴影层，最后使用云匹配的方法提取云和云阴影的位置。

(2)若遥感影像波段数量较少或通过阈值法难以确定阈值范围时，可利用机器学习算法进行云检测。在云检测前应使用滤波、形态学变换、直方图均衡化等方法对遥感影像进行预处理，并提取图像的光谱、纹理或分形维数等信息，再使用人工神经网络、K 均值聚类、随机森林、支持向量机、卷积神经网络等算法提取云和云阴影的位置。

(3)云检测的最小识别单位为一个像元，且需要保证云和阴影识别的细粒度，云检测与海表盐度反演应使用同一时间成像、同一传感器来源的卫星遥感影像。

(4)云检测准确率应不低于90%。检测前应剔除海表大浪对云识别的影响。云检测后应删除对应区域的遥感影像。

7.1.6 水陆分离

(1)区域增长法。

选取远离岸线的典型水体像元，将其作为种子点，然后利用聚类分割等方法进行区域增长，以水边线为界，把水边线向陆侧的所有像元归为陆域像元，把水边线向海侧的所有像元归为海域像元，将影像分割为陆域和海域两个部分。岛陆陆域为水边线包围的全部像元。

(2)图像特征法。

基于影像本身的色彩空间异质性、纹理和地物空间位置关系，利用 ENVI 等遥感图像处理软件对水域和陆地进行分离。

(3)水陆分离准确率应不低于 90%。

7.2　微波遥感影像

7.2.1　空间裁剪

(1)从遥感影像上裁剪出用于海表盐度反演的区域,裁剪范围应覆盖浓海水入海监测预测海域。

(2)根据制图时表达周边标志性地理要素需求,可适当扩展裁剪范围。

7.2.2　滤波去噪

去除椒盐噪声(又称脉冲噪声)对海表微波辐射过程的影响,可采用 Lee 滤波、Frost 滤波、Gamma 滤波、Gauss 滤波等方法。

7.2.3　极化分解

确定微波信号在不同极化方向上的反射和散射特性,提取微波遥感影像各像元的后向散射系数 b_b、入射角 θ、散射角 φ、发射方向天顶角 θ' 和瞬时发射角 χ。可采用 NEST 和 POLSAR 极化处理软件进行极化分解。

7.2.4　水陆分离

(1)阈值分割法。将微波遥感图像的像素值与预定的阈值进行比较,分为水体和陆地两类,可采用 Otsu's 方法确定阈值[92]。

(2)合成孔径雷达回波数据海岸线提取法。基于海洋与陆地在微波信号方位向上某一频率的不同后向散射特征提取海岸线,主要包括特征提取与特征分析两步[93]。

(3)SLIC 超像素分割法。对微波数据进行聚类,并利用显著性检验方法,将区域显著性相似的区域合并,进行图像二值化,达到海陆分割的效果[94]。

(4)水陆分离准确率应不低于 90%。

8　海表盐度反演

8.1　基于光学遥感影像的海表盐度反演

8.1.1　黄色物质吸收系数法

黄色物质与海水盐度之间存在显著的负相关关系,而海水中的黄色物质影响海面光谱反射率,故光学遥感影像中保存着成像时刻的海表盐度信息。因此,利用黄色物质光谱吸收系数与海表盐度之间的关系能够反演得到海表盐度[95]。我国沿海常用 400nm、440nm 处黄色物质光谱吸收系数反演海表盐度，常用的计算方法主要有：

1. a_{g400}-盐度线性关系法

基于 400nm 处黄色物质光谱吸收系数与海表盐度之间的线性关系反演海表盐度，计算公式为

$$SSS = a \times a_{g400} + b \tag{4-2}$$

$$a_{g400} = \alpha \left(\frac{R_{rs}(412)}{R_{rs}(555)} \right)^{\beta} \tag{4-3}$$

式中，SSS 为海表盐度；a、b 均为参数，可分别取值为-30.6416、36.6551，现场观测数据较多时也可通过拟合得到；a_{g400} 为 400nm 处黄色物质吸收系数；α、β 均为参数，可分别取值为 0.3006、-1.0864，现场观测数据较多时也可通过拟合得到；$R_{rs}(412)$、$R_{rs}(555)$ 分别为 412nm、555nm 波段的光谱反射率。

2. a_{g400}-盐度指数关系法

基于 400nm 处黄色物质光谱吸收系数与海表盐度之间的指数关系反演海表盐度，计算公式为

$$SSS = a \times e^{b \times a_{g400}} \tag{4-4}$$

$$a_{g400} = \alpha \left(\frac{R_{rs}(412)}{R_{rs}(555)} \right)^{\beta} \tag{4-5}$$

式中，a、b 均为参数，可分别取值为 35.064、-0.3357，现场观测数据较多时也可通过拟合得到。

3. a_{g440}-盐度线性关系法

基于 440nm 处黄色物质光谱吸收系数与海表盐度之间的线性关系反演海表盐度，计算公式为

$$SSS = a \times a_{g400} + b \tag{4-6}$$

$$a_{g400} = \alpha \times \frac{R_{rs}(665)}{R_{rs}(490)} + \beta \tag{4-7}$$

式中，a、b 均为参数，可分别取值为-11.5、35.6，现场观测数据较多时也可通过

拟合得到；a_{g440} 为 440nm 处黄色物质光谱吸收系数；α、β 均为参数，可分别取值为 0.635、0.103，现场观测数据较多时也可通过拟合得到；$R_{rs}(665)$、$R_{rs}(490)$ 为 665nm、490nm 波段的光谱反射率[96-98]。

8.1.2　光谱反射率法

直接利用光谱反射率与海表盐度之间的关系反演海表盐度，常用的计算方法主要有以下几种。

1. 反射率比值-盐度线性关系法

基于 531nm、551nm 波段的光谱反射率比值与海表盐度之间的线性关系反演海表盐度，计算公式为

$$SSS = a + b \times (R_{rs}(531) / R_{rs}(551)) \tag{4-8}$$

式中，a、b 均为参数，可分别取值为 8.980、19.48，现场观测数据较多时也可通过拟合得到；$R_{rs}(531)$、$R_{rs}(551)$ 分别为 531nm 及 551nm 波段的光谱反射率。

2. 反射率比值-盐度指数关系法

基于 667nm、488nm 波段的光谱反射率比值与海表盐度之间的指数关系反演海表盐度，计算公式为

$$SSS = a \times \left(\frac{R_{rs}(667)}{R_{rs}(488)} \right)^b \tag{4-9}$$

式中，a、b 均为参数，可分别取值为 22.217、−0.16，现场观测数据较多时也可通过拟合得到；$R_{rs}(667)$、$R_{rs}(488)$ 分别为 667nm、488nm 波段的光谱反射率。

3. 反射率-盐度多元线性关系法

基于 490nm、560nm、665nm 波段的光谱反射率与海表盐度之间的多元线性关系反演海表盐度，计算公式为

$$\lg(SSS) = a \times R_{rs}(490) + b \times R_{rs}(560) + c \times R_{rs}(665) + d \tag{4-10}$$

式中，a、b、c、d 均为参数，可分别取值为 0.8、−2.39、0.837、1.534，现场观测数据较多时也可通过拟合得到；$R_{rs}(490)$、$R_{rs}(560)$、$R_{rs}(665)$ 分别为 490nm、560nm、665nm 波段的光谱反射率。

4. 标准化差异光谱指数法

基于归一化差值积聚指数（normalized difference spectral index，NDSI）与海表盐度的指数关系反演海表盐度，计算公式为

$$SSS = 10^{a \times NDSI + b} \tag{4-11}$$

$$NDSI = \frac{R_{rs}(490) - R_{rs}(555)}{R_{rs}(490) + R_{rs}(555)} \tag{4-12}$$

式中，a、b 均为参数，可分别取值为 0.037、1.494，现场观测数据较多时也可通过拟合得到；$R_{rs}(490)$、$R_{rs}(555)$ 分别为 490nm 及 555nm 波段的光谱反射率。

8.2　基于微波遥感影像的海表盐度反演

海表盐度的改变会影响海水本身的介电常数，进而影响海面的发射率，形成不同的微波辐射亮温。辐射亮温除了与盐度有关以外，还与海面温度、海面发射率有关。因此，可以根据盐度、海水介电常数、海面发射率、海面温度与海面亮温的关系，反演得到海表盐度，常用的方法主要有 K-S 模型法、双波段多项式拟合法[99-102]。

8.2.1　K-S 模型法

Klein 和 Swift[103] 于 1977 年提出 K-S 模式，利用海面亮温和海表盐度、海水温度之间的相关关系，推导得出反演海表盐度的公式：

$$SSS = F^{-1}(f, \theta, T, T_b) \tag{4-13}$$

$$T_b = F(f, \theta, T, SSS) \tag{4-14}$$

式中，f 为辐射计工作频率；θ 为入射角；T 为海面温度；T_b 为海面亮温。其中，f、θ、T 均为已知数据，T_b 可利用以下公式计算：

$$T_b = eT \tag{4-15}$$

式中，e 为海面发射率，e 与海水介电常数 ε 存在函数关系如下所示：

$$e_H = 1 - \left| \frac{\cos\theta - (\varepsilon - \sin^2\theta)^{1/2}}{\cos\theta + (\varepsilon - \sin^2\theta)^{1/2}} \right|^2 \tag{4-16}$$

$$e_V = 1 - \left| \frac{\varepsilon\cos\theta - (\varepsilon - \sin^2\theta)^{1/2}}{\varepsilon\cos\theta + (\varepsilon - \sin^2\theta)^{1/2}} \right|^2 \tag{4-17}$$

式中，e_H 和 e_V 分别为水平和垂直极化条件下的海面发射率。其中，海水介电常数用德拜（Debye）方程表示：

$$\varepsilon(\text{SSS},T,\omega) = \varepsilon_\infty(\text{SSS},T) + \frac{\varepsilon_S(\text{SSS},T) - \varepsilon_\infty}{1 - i\omega\tau(\text{SSS},T)} + i\frac{\sigma(\text{SSS},T)}{\omega\varepsilon_O} \tag{4-18}$$

式中，ε_O 为自由空间介电常数，为 8.854×10^{-12}F/m；ε_∞ 为无限高频相对电容率，取值为 4.9；ω 为电磁波角频率，$\omega=2\pi f$，f 为频率；ε_S 为静态相对电容率；τ 为张弛时间；σ 为离子电导率。其中，静态相对电容率 ε_S 计算公式为

$$\varepsilon_S = \varepsilon_S(T)\alpha(T,\text{SSS}) \tag{4-19}$$

$$\varepsilon_S(T) = 87.134 - 1.949\times10^{-1}T - 1.276\times10^{-2}T^2 + 2.491\times10^{-4}T^{-3} \tag{4-20}$$

$$\alpha(T,\text{SSS}) = 1.000 + 1.613\times10^{-5}\text{SSS}\cdot T - 3.656\times10^{-3}\text{SSS} + 3.210\times10^{-5}\text{SSS}^2 \\ - 4.232\times10^{-7}\text{SSS}^3 \tag{4-21}$$

张弛时间 τ 计算公式为

$$\tau(\text{SSS},T) = \tau(T,0)b(\text{SSS},T) \tag{4-22}$$

$$\tau(T,0) = 1.768\times10^{-11} - 6.086\times10^{-13}T + 1.104\times10^{-14}T^2 - 8.111\times10^{-17}T^3 \tag{4-23}$$

$$b(\text{SSS},T) = 1.000 + 2.282\times10^{-5}\text{SSS}\cdot T - 7.638\times10^{-4}\text{SSS} - 7.760\times10^{-6}\text{SSS}^2 + 1.105 \\ \times10^{-8}\text{SSS}^3 \tag{4-24}$$

离子电导率 σ 计算公式为

$$\sigma(\text{SSS},T) = \sigma(25,\text{SSS})\exp(-\delta\beta) \tag{4-25}$$

$$\delta = 25 - T \tag{4-26}$$

$$\sigma(25,\text{SSS}) = (0.182521 - 1.46192\times10^{-3}\text{SSS} + 2.09324\times10^{-5}\text{SSS}^2 - 1.28205 \\ \times10^{-7}\text{SSS}^3)\text{SSS} \tag{4-27}$$

$$\beta = 2.033\times10^{-2} + 1.266\times10^{-4}\delta + 2.464\times10^{-6}\delta^2 - (1.849\times10^{-5} - 2.551\times10^{-7}\delta \\ + 2.551\times10^{-8}\delta^2)\text{SSS} \tag{4-28}$$

在得到 f、θ、T、T_b 后，可利用牛顿法、模拟退火算法、马尔可夫链蒙特卡罗算法及差分进化蒙特卡罗算法等反演得到监测海域的海表盐度[104,105]。

8.2.2　双波段多项式拟合法

采用 L 和 S 双波段微波影像数据，基于线性回归的多项式拟合算法反演平静

海表下的海表盐度，公式如下：

$$\begin{aligned} SSS = &X_1 T_b^S + X_2 T_b^L + X_3 T_b^S T_b^L + X_4 (T_b^S)^2 + X_5 (T_b^L)^2 + X_6 (T_b^S)^3 + X_7 (T_b^S)^2 T_b^L \\ &+ X_8 T_b^S (T_b^L)^2 + X_9 (T_b^L)^3 \end{aligned}$$

$$(4\text{-}29)$$

式中，T_b^L 和 T_b^S 分别为对应 L 波段和 S 波段的海面亮温数据；$X_1 \sim X_9$ 均为拟合参数，可采用 X_1=138.212973743，X_2=−137.4748877279，X_3=7.0376869542，X_4=−4.6052164921，X_5=−2.446047714，X_6=0.0403065628，X_7=−0.0844284348，X_8=0.0566040411，X_9=−0.0124179422，现场观测数据较多时也可通过拟合得到[89,90,106-108]。

8.3 机器学习法

可采用机器学习法，利用可获取的所有波段的光谱反射率数据进行海表盐度反演。机器学习是一种通过让计算机从数据中学习模式和规律，从而作出预测或作出决策的方法。它涉及从输入数据中提取特征，选择合适的算法，并使用训练数据来训练模型等过程。可优先考虑使用人工神经网络、K 均值聚类、随机森林、支持向量机、卷积神经网络等算法反演海表盐度。

8.4 算法推荐

（1）由于浓海水受纳海域主要为黄色物质富集的近岸海域（包括海湾、河口等），海表盐度反演推荐使用基于光学遥感影像的海表盐度反演算法。

（2）对受云覆盖、气溶胶、水汽等干扰严重的近岸海域，或远离海岸、海水黄色物质含量较少的开阔海域，推荐使用基于微波遥感影像的海表盐度反演法。

（3）基于光学遥感影像反演海表盐度时，渤海和北黄海沿岸推荐使用反射率比值-盐度线性关系法、反射率-盐度多元线性关系法，南黄海沿岸推荐使用 a_{g440}-盐度线性关系法、标准化差异光谱指数法，长江口附近推荐使用 a_{g400}-盐度线性关系法、反射率比值-盐度指数关系法[91,109-116]。

9 反演结果验证

9.1 验证要求

应采用现场观测海表盐度对反演结果进行验证，反演盐度与观测盐度之间应存在显著相关（$p<0.05$），且平均绝对误差小于 0.5psu。

9.2　验证数据

（1）用于验证的现场观测站位不少于 6 个，观测时间与影像成像时间间隔应在 30min 以内。

（2）当受纳海域位于海湾或河口时，现场验证站点应包含海湾（河口）外的观测站位。

10　成果分析

10.1　背景盐度提取

按本书第 1 篇第 2 部分的要求执行。

10.2　盐升区域获取

按本书第 1 篇第 1 部分的要求执行。

10.3　专题图件绘制

按本书第 1 篇第 1 部分的要求执行。

本部分附录　海水淡化工程浓海水入海盐度卫星遥感监测专题报告大纲

1　概述
　1.1　项目背景与工程概况
　1.2　目的任务
　1.3　监测范围
　1.4　技术路线
　1.5　项目完成情况
　1.6　项目取得的主要成果
2　海域自然环境背景
　2.1　海域概况
　2.2　潮汐
　2.3　波浪

第5部分 航空遥感监测

1 范 围

本部分规定了海水淡化工程浓海水受纳海域海表盐度航空遥感监测的技术内容、程序和方法。

该部分主要规范航空遥感中的有人机和无人机监测，飞艇和气球等其他飞行器可参照执行。

本部分适用于已建和拟建海水淡化工程浓海水受纳海域海表盐度监测。

2 规范性引用文件

以下为本部分规范引用的文件。

GB/T 12763—2007　海洋调查规范

GB/T 39612—2020　低空数字航摄与数据处理规范

GJB 6703—2009　无人机测控系统通用要求

CH/T 3001—2010　无人机航摄安全作业基本要求

CH/T 3002—2010　无人机航摄系统技术要求

CH/Z 3005—2021　低空数字航空摄影规范

DB37/T 4219—2020　海洋监视监测无人机应用技术规范

GDEILB 007—2014　无人机数字航空摄影测量与遥感外业技术规范

3 术语和定义

3.1 空间分辨率(spatial resolution)

航空数字影像的基本单元。

3.2 时间分辨率(temporal resolution)

航空传感器能够重复获得同一地区影像的最短时间间隔。

3.3　广角畸变校正(wide-angle distortion correction)

对广角镜头拍摄视角大导致的影像畸变进行校正。

3.4　辐射定标(radiometric calibration)

将遥感传感器接收到的原始信号转换为实际的物理量。

3.5　几何校正(geometric correction)

对航空影像的几何畸变进行校正。

3.6　去噪(denoising)

消除或减少遥感影像中的噪声,从而提高数据质量。

3.7　航线(unmanned aerial vehicle route)

航空飞行器飞行的路线。

3.8　基线距离(base-line distance)

同一航向上两幅相邻影像中心点的平均距离。

3.9　像控点(image control point)

用于图像几何校正的实测控制点。

3.10　同步观测(synchronous observation)

在航空飞行器飞越盐升混合区时,对盐升地区的海面盐度进行现场观测。

4　一　般　规　定

4.1　目的

利用航空遥感影像反演浓海水受纳海域特定时间、特定地区的海表盐度,计算海水淡化工程浓海水入海后受纳海域海表盐度变化,并分析其时空分布特征。

4.2　监测内容

(1)获取监测海域特定时刻的海表盐度。实际监测时,根据需要可获取不同季节、不同潮型、不同典型潮时的海表盐度。

(2)根据背景盐度提取结果,获取浓海水入海后受纳海域海表盐度和盐升的分布范围、面积。

4.3　质量控制

按本书第 1 篇第 1 部分的要求执行。

4.4　工作成果

按本书第 1 篇第 1 部分的要求执行。

4.5　资料和成果归档

按本书第 1 篇第 1 部分的要求执行。

5　流　　　程

浓海水入海后海表盐度航空遥感监测包括数据获取与预处理、海表盐度计算、海表盐度验证、结果分析等环节。具体技术流程和方法如下(图 5-1)。

6　监 测 方 案

6.1　监测技术

6.1.1　航空遥感平台

(1)平台选择。对于大于等于 $2km^2$ 的区域应采用固定翼无人机或有人机,对于小于 $2km^2$ 的监测区域可采用旋翼无人机。

(2)海面定位精度。对于有航摄成图比例尺要求的区域,平面定位误差应小于该比例尺下的地面分辨率值;对于没有航摄成图比例尺要求的区域,平面定位误差不大于 2m。

(3)无人机应具备 5 级风力气象条件下安全飞行的能力,有人机应具备 8 级风

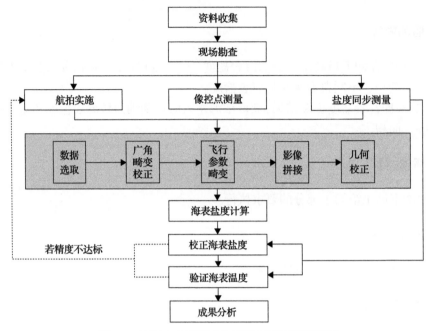

图 5-1　浓海水入海海表盐度航空遥感监测流程

力气象条件下安全飞行的能力。

6.1.2　传感器系统

光学传感器波段应介于 350～680nm，优先推荐 412nm、488nm、490nm、531nm、551nm、555nm、560nm、665nm、667nm 波段。

6.1.3　飞行质量与影像质量

1. 飞行姿态

1）飞行姿态控制稳度

侧滚角误差小于±2°，俯仰角误差小于±2°，偏航角误差小于±6°。

2）航迹控制精度

偏航距小于±20m，航高差小于±20m，直线航迹弯曲度小于±5°。有人机航迹弯曲度不大于 3%。

2. 航向重叠度

旋翼无人机航向重叠度不小于 60%，固定翼无人机航向重叠度不小于 30%，有人机航向重叠度不小于 60%。

3. 旁向重叠度

旋翼无人机旁向重叠度不应小于 30%,固定翼无人机旁向重叠度不小于 20%,

有人机旁向重叠度不小于 30%。

4. 飞行速度

旋翼无人机巡航速度一般不超过 36km/h，固定翼无人机巡航速度一般不超过 120km/h，最大不超过 150km/h，有人机飞行速度一般不超过 300km/h。

5. 飞行高度

旋翼无人机飞行的相对高度一般不超过 120m，固定翼无人机飞行的相对高度一般不超过 1500m，有人机飞行的相对高度一般不超过 2000m。

6. 影像倾角与旋角

(1)无人机影像倾角一般小于 5°，最大不超过 12°。有人机影像倾斜角一般不大于 2°，最大不超过 4°。

(2)无人机影像旋角一般不大于 15°。有人机影像旋偏角一般不大于 6°，且不得连续 3 张影像的旋偏角大于 8°。

6.2　监测计划与设计

6.2.1　航线布设

航线应根据监测需要布设，一般应为垂直于岸线或穿过 3.0psu 盐升包络线的直线，其中至少 1 条航线应经过浓海水入海排水口。

6.2.2　像控点

(1)像控点分布。像控点应尽量布设在两条航线的旁向重叠范围内，当旁向重叠过小、相邻航线相控点不能共用时，各航线应分别布点。

(2)像控点数量。像控点应不少于 4 个，并优先在影像边缘布设。

(3)无法布设像控点时，应进行免像控点几何校正，定位精度不低于 5m。

6.2.3　空间分辨率确定

一般情况下，海面航摄成图没有比例尺要求，但海面最低分辨率应不低于 2m。当海面航摄成图有比例尺要求时，应根据不同比例尺确定地面分辨率，具体要求如下：

1. 空间分辨率

空间分辨率采用基准面空间分辨率，其与测图比例尺的关系如表 5-1 所示。

2. 航摄高度

航摄高度根据式(5-1)确定：

$$H = f \cdot \mathrm{GSD}/a \tag{5-1}$$

式中，H 为相对航高，m；f 为摄影镜头的焦距，mm；GSD 为影像的空间分辨率，m；a 为像元尺寸的大小，mm。

表 5-1　航摄基准面空间分辨率

测图比例尺	空间分辨率/cm
1∶500	≤5
1∶1000	8～10
1∶2000	15～20
1∶5000	35～50
1∶10000	80～100

6.2.4　监测季节和时间

(1)根据监测预测需要，确定监测季节和时间。

(2)运营期跟踪监测时，应选择受纳海域代表性季节进行监测。

(3)应急监测时，应与应急监测的时间要求一致。

(4)航空监测宜与现场监测同步进行，两者时间差应在 30min 内。

6.2.5　补飞和重飞

出现下列问题时，需要进行补飞和重飞。

(1)影像记录缺失。

(2)影像质量存在局部缺陷。

补飞或重飞航线的两端一般应超出补飞范围半幅图，超出部分不小于 500m 且不大于 2000m，并应满足与原航线的旁向与航向重叠要求。

6.2.6　其他要求

(1)使用机场时，应按照机场相关规定飞行；不使用机场时，应根据飞行器的性能要求，选择起降场地和备用场地。

(2)航摄实施前应制订详细的飞行计划，且应针对可能出现的紧急情况制订应急预案。

(3)在保证飞行安全的前提下可实施云下摄影，风力应不大于 5 级。

7　数据预处理

7.1　广角畸变校正

融合航空飞行器可见光波段的影像进行广角畸变校正，确定校正参数。校正时优先选择直线、折线等规则形状地物。经广角畸变校正后，影像应无明显的镜头畸变。

7.2　影像镶嵌

镶嵌影像过程与图像质量应满足如下要求。

(1)所用航空遥感图像处理软件应具有影像镶嵌与数据导出功能,镶嵌后的影像应包含波段信息、投影、分辨率等信息。

(2)镶嵌影像应清晰并能反映出与地面分辨率相适应的细小空间变化,无明显模糊、重影和错位现象。

(3)镶嵌影像应能直接用主流地理信息、遥感类软件打开和使用。

7.3　几何校正

利用遥感软件,根据像控点位置信息对航空遥感影像进行配准,解算转换矩阵,实现影像的几何校正。经几何校正的影像,平面误差不超过 1 个像元[108,117-122]。

8　海表盐度计算

详见本书第 2 篇第 4 部分。

9　反演结果验证

9.1　验证要求

应采用现场观测海表盐度对反演结果进行验证,反演盐度与观测盐度之间应存在显著相关,显著性小于 0.05($p<0.05$),且平均绝对误差小于 0.5psu。

9.2　验证数据

(1)用于验证的现场观测站位不少于 6 个,观测时间与影像成像时间间隔应在 30min 以内。

(2)当受纳海域位于海湾或河口时,现场验证站点应包含海湾(河口)湾外的观测站位。

10 成 果 分 析

10.1 背景盐度提取

按本书第 1 篇第 2 部分的要求执行。

10.2 盐升区域获取

按本书第 1 篇第 1 部分的要求执行。

10.3 专题图件绘制

按本书第 1 篇第 1 部分的要求执行。

本部分附录 海水淡化工程浓海水入海盐度航空遥感监测专题报告大纲

1 概述
  1.1 项目背景与工程概况
  1.2 目的任务
  1.3 监测范围
  1.4 技术路线
  1.5 项目完成情况
2 海域自然环境背景
  2.1 海域概况
  2.2 潮汐
  2.3 波浪
  2.4 气象
  2.5 水温
  2.6 盐度
3 航空遥感监测
  3.1 飞行计划制定与实施
  3.2 监测时水文气象及淡化工程运行状况
  3.3 航空遥感影像处理

第 3 篇　浓海水入海预测技术

第6部分　数值模拟通用技术

1　范　　围

本部分规定了海水淡化工程浓海水入海数值模拟的流程、模拟方法、关键参数选择、边界条件和驱动条件设置、模型率定验证以及结果分析等。

本部分适用于海水淡化工程浓海水入海造成的受纳海域海水盐度变化预测。地下卤水开采等产生的高盐度水体入海预测可参照执行。

2　规范性引用文件

以下为本部分规范引用的文件。

GB/T 19485—2014　海洋工程环境影响评价技术导则

GB/T 42361—2023　海域使用论证技术导则

GB/T 50102—2014　工业循环水冷却水设计规范

HJ 1037—2019　核动力厂取排水环境影响评价指南(试行)

JTS/T 231—2021　水运工程模拟试验技术规范

DL/T 5084—2021　电力工程水文技术规程

NB/T 10979—2022　发电厂海水淡化工程设计规范

NB/T 20106—2012　核电厂冷却水模拟技术规程

SL 160—2012　冷却水工程水力、热力模拟技术规程

SL/T 278—2020　水利水电工程水文计算规范

3　术语和定义

3.1　数值模拟(numerical simulation)

通过数值计算求解研究对象控制方程,模拟其自然物理过程的方法。

3.2 边界条件(boundary conditions)

数值模拟区域边界处水动力、热力、盐分等物质能量的输入和输出控制条件。

3.3 初始条件(initial conditions)

数值模拟开始时所采用的水位、水流、波浪、温度和盐度等起始状态。

3.4 模型验证(model validation)

数值模拟中为达到模型模拟精度而进行的检验和校正。

3.5 底摩阻系数(bed resistance)

衡量海底对海水流动阻碍作用大小的物理量。

3.6 扩散系数(eddy diffusion coefficient)

衡量流体中某一点的物质、能量扰动传递到另一点的速率大小的系数,包括水平扩散系数和垂直扩散系数。

3.7 涡黏系数(eddy viscosity)

表征紊流中流体质点团紊动强弱的系数。

3.8 谢才系数(Chézy coefficient)

反映断面形状、尺寸和粗糙程度影响的综合系数。

3.9 曼宁系数(Manning coefficient)

表征水流阻力的关键指标。

3.10 糙率(roughness)

反映对水流阻力影响的一个综合性无量纲参数。

3.11 源强(source intensity)

指单位时间内产生并入海的浓海水盐度、流量。

4　一般规定

4.1　目的

模拟计算海水淡化工程浓海水入海对受纳海域海水盐度的影响，预测浓海水后受纳海域海水盐度变化范围、程度及其时空分布。

（1）了解海水淡化工程建成前后受纳海域的流场特性，揭示海流的时空变化和浓海水对海流的影响，同时为物理模型试验提供盐度、水位、流速等开边界条件，通过数值模拟率定分析为物理模型试验确定参数选取范围。

（2）根据不同的取排水方案和各期工程建设情况，计算得到典型季节（平均盐度最大、最小季节）、典型潮型（大中小潮）、典型潮时（涨急、落急、涨憩、落憩）的盐度场，根据背景盐度计算盐升。

（3）给出各计算工况各典型潮时 1.0psu、2.0psu、3.0psu、4.0psu 及以上盐升等值线图和半月潮期间各等值线包络面积，分析浓海水入海后受纳海域盐升及时空变化特征，给出盐升历时、盐度日变幅变化情况。

（4）揭示浓海水入海前后受纳海域海水盐度变化机理，分析不同取排水工程方案对受纳海域盐度变化的影响并做出比选。

（5）分析浓海水入海盐回归对取水口盐度的影响。

4.2　流程

浓海水入海数值模拟包括数据资料收集、模型选择、模型构建、模型验证、工况设置、成果分析六个部分，流程如图 6-1 所示。

1. 数据资料收集

收集计算海域水深地形、径流、潮位、海流、盐度、温度、气象等资料。

2. 模型选择

用于浓海水入海数学模型主要有 MIKE 模型、Delft 3D 模型、FVCOM 模型、TELEMAC 模型以及自主研发模型等。

3. 模型构建

包括网格地形、关键参数选取、边界条件与驱动条件设置等。

4. 模型验证

通过调试模型关键参数完成率定过程，对比计算结果与实测结果的相关性，

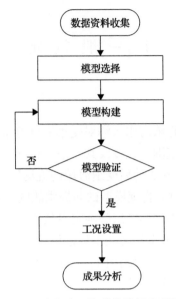

图 6-1　浓海水入海数值模拟流程图

验证模型的可靠性与可行性。

5. 工况设置

综合考虑取排水工程方案、各期工程建设情况、不同季节、不同潮型等情况，设置不同情景计算工况。

6. 成果分析

计算不同工况下浓海水的扩散路径、范围、盐升程度及历时等。

4.3　质量控制

按本书第 1 篇第 1 部分的要求执行。

4.4　工作成果

按本书第 1 篇第 1 部分的要求执行。

4.5　资料和成果归档

按本书第 1 篇第 1 部分的要求执行。

5　数据资料准备

5.1　水深地形

（1）水深地形资料应涵盖《滨海核电温排水监测预测技术规范》第 1 部分规定的监测预测范围，所用测图比例应根据工程规模、所在海域自然条件等确定，一般采用 1∶25000～1∶150000。其中，工程区宜采用 1∶2000～1∶5000，范围确定方法如下。

①包含海水淡化工程取排水口及其所属岸线在内，且在其上下游或周缘留有不小于 2km 的过渡区。

②潮汐水域电厂为以排水出口为中心、半径不小于 L_0 的水域，非感潮水域电厂为以排水出口为起点、顺流向不小于 L_0 的水域。其中，L_0 为百万千瓦机组台数×1km。

③对于小的岛屿、礁石区等岸线、地形变化复杂区域，须保持实测岸线、地形变化的完整性。

④符合厂址附近环境敏感区要求。

（2）取排水工程附近水下地形图应为近 5 年内测图。附近海域 5 年内有新建大型工程或地形发生较大变化时，应采用工程建成后或地形变化后测图。

（3）水深地形数据可采用实测数据，也可引用正式出版的海图。取排水工程附近不小于 2km 范围的岸线和水下地形应为海水淡化工程浓海水入海数值模拟预测专题实测资料。

（4）根据数据类型进行数据预处理，包含水深基准面、坐标系、观测时间、潮型等信息。测图应换算成统一的基准面和坐标系，数学模型基准面宜采用平均海平面。

（5）地形数据拼接应按照 GB/T 12763.10—2007 的规定执行。

5.2　海洋水文

（1）应包括厂址或周边海洋观测站长期水文资料，现场观测的全潮同步水文测验资料及其他现场监测的盐度、温度、潮位、海流流速与流向等资料。

（2）除长期历史统计数据外，实测资料时效性不超过 5 年。项目用海海域发生较大变化时，取变化后的数据。

（3）数据资料应满足盐度数值模型构建和模型验证需要，具体要求见本部分第

8 章和第 9 章。若不满足，应开展现场监测。

5.3 河流水文

(1)浓海水受纳海域附近有河流注入时，应收集河流水文站长期径流观测资料。

(2)当无径流资料但有降雨量资料时，可利用附近相似流域测站的降雨-径流关系推算径流。

(3)当既无径流也无降雨量资料时，可利用区域综合方法等推算径流，计算方法按照 GB 50071—2014 的有关规定执行。

(4)根据长期监测径流资料或推算得到的径流资料，得到年平均径流、季节平均径流、月平均径流等数据。

5.4 气象

(1)气象资料应包含气温、降水、气压、风向、风速、相对湿度、光照强度等要素。

(2)气象资料宜采用 5 年以内调查获取的资料。

5.5 其他资料

受纳海域所在区域的国土空间规划及海洋环境保护规划、海洋生态敏感区、海洋开发利用等。

6 数值模拟预测技术

6.1 预测方程

6.1.1 水动力方程

按照水动力模拟的维度，可分为一维模型、二维模型以及三维模型。其中，一维模型应用范围局限，不适用于浓海水入海的计算。

1. 二维水动力方程

二维水动力方程如下：

$$\frac{\partial h}{\partial t} + \frac{\partial h\bar{u}}{\partial x} + \frac{\partial h\bar{v}}{\partial y} = hS \tag{6-1}$$

$$\frac{\partial h\bar{u}}{\partial t} + \frac{\partial h\bar{u}^2}{\partial x} + \frac{\partial h\overline{vu}}{\partial y}$$

$$= f\bar{v}h - gh\frac{\partial \eta}{\partial x} - \frac{h}{\rho_0}\frac{\partial P_a}{\partial x} - \frac{gh^2\partial \rho}{2\rho_0\partial x} + \frac{\tau_{sx}}{\rho_0} - \frac{\tau_{bx}}{\rho_0} - \frac{1}{\rho_0}\left(\frac{\partial S_{xx}}{\partial x} + \frac{\partial S_{xy}}{\partial y}\right) + \frac{\partial}{\partial x}\left(hT_{xx}\right) \quad (6\text{-}2)$$

$$+ \frac{\partial}{\partial y}\left(hT_{xy}\right) + hu_sS$$

$$\frac{\partial h\bar{v}}{\partial t} + \frac{\partial h\overline{uv}}{\partial x} + \frac{\partial h\bar{v}^2}{\partial y}$$

$$= -f\bar{u}h - gh\frac{\partial \eta}{\partial y} - \frac{h}{\rho_0}\frac{\partial P_a}{\partial y} - \frac{gh^2}{2\rho_0}\frac{\partial \rho}{\partial y} + \frac{\tau_{sy}}{\rho_0} - \frac{\tau_{by}}{\rho_0} - \frac{1}{\rho_0}\left(\frac{\partial S_{yx}}{\partial x} + \frac{\partial S_{yy}}{\partial y}\right) + \frac{\partial}{\partial x}\left(hT_{xy}\right)$$

$$+ \frac{\partial}{\partial y}\left(hT_{yy}\right) + hv_sS$$

$$(6\text{-}3)$$

式中，x、y 为笛卡儿坐标；η 为表面高程；$h = \eta + d$ 是总水深，d 为静水深度；u、v 分别为 x、y 方向上的速度分量；f 是科里奥利力；g 为重力加速度；ρ 为海水密度；S_{xx}、S_{xy}、S_{yx} 和 S_{yy} 均为辐射应力张量的分量；P_a 为大气压；ρ_0 为水密度；τ_{sy} 为 y 方向上的表面风应力；τ_{by} 为 y 方向上的底部切应力；S 为点源排放量；u_s、v_s 分别为 x、y 方向上点源排入水体的速度；其中，$\bar{u}$ 和 $\bar{v}$ 分别为 x、y 方向上深度平均速度，由以下公式定义：

$$h\bar{u} = \int_{-d}^{\eta} u\mathrm{d}z, \quad h\bar{v} = \int_{-d}^{\eta} v\mathrm{d}z \quad (6\text{-}4)$$

T_{ij} 为侧向应力，包括黏性摩擦、紊流摩擦和微分平流，可利用基于深度平均速度梯度的涡流黏度公式进行估算：

$$T_{xx} = 2\upsilon_h\frac{\partial \bar{u}}{\partial x}$$

$$T_{xy} = \upsilon_h\left(\frac{\partial \bar{u}}{\partial y} + \frac{\partial \bar{v}}{\partial x}\right) \quad (6\text{-}5)$$

$$T_{yy} = 2\upsilon_h\frac{\partial \bar{v}}{\partial y}$$

其中，υ_h 为水平涡黏系数。

2. 三维水动力方程

三维水动力方程如下：

$$\frac{\partial u}{\partial x} + \frac{\partial v}{\partial y} + \frac{\partial w}{\partial z} = S \tag{6-6}$$

$$\frac{\partial u}{\partial t} + \frac{\partial u^2}{\partial x} + \frac{\partial vu}{\partial y} + \frac{\partial wu}{\partial z}$$

$$= fv - g\frac{\partial \eta}{\partial x} - \frac{1}{\rho_0}\frac{\partial P_a}{\partial x} - \frac{g}{\rho_0}\int_z^\eta \frac{\partial \rho}{\partial x}dz - \frac{1}{\rho_0 h}\left(\frac{\partial S_{xx}}{\partial x} + \frac{\partial S_{xy}}{\partial y}\right) + \frac{\partial}{\partial z}\left(\upsilon_t \frac{\partial u}{\partial z}\right) + F_u + u_s S \tag{6-7}$$

$$\frac{\partial v}{\partial t} + \frac{\partial v^2}{\partial y} + \frac{\partial vu}{\partial x} + \frac{\partial wv}{\partial z}$$

$$= -fu - g\frac{\partial \eta}{\partial y} - \frac{1}{\rho_0}\frac{\partial P_a}{\partial y} - \frac{g}{\rho_0}\int_z^\eta \frac{\partial \rho}{\partial y}dz - \frac{1}{\rho_0 h}\left(\frac{\partial S_{yx}}{\partial x} + \frac{\partial S_{yy}}{\partial y}\right) + \frac{\partial}{\partial z}\left(\upsilon_t \frac{\partial v}{\partial z}\right) + F_v + v_s S \tag{6-8}$$

式中，x、y 和 z 为笛卡儿坐标；u、v、w 分别为 x、y、z 方向上的速度分量；υ_t 为垂向涡黏系数。水平应力项用梯度应力关系描述，关系式如下：

$$F_u = \frac{\partial}{\partial x}\left(2\upsilon_h \frac{\partial u}{\partial x}\right) + \frac{\partial}{\partial y}\left[\upsilon_h\left(\frac{\partial u}{\partial y} + \frac{\partial v}{\partial x}\right)\right]$$

$$F_v = \frac{\partial}{\partial x}\left[\upsilon_h\left(\frac{\partial u}{\partial y} + \frac{\partial v}{\partial x}\right)\right] + \frac{\partial}{\partial y}\left(2\upsilon_h \frac{\partial v}{\partial y}\right) \tag{6-9}$$

6.1.2 温度方程

按照温度模拟的维度，可分为一维模型、二维模型以及三维模型。其中，一维模型应用范围局限，不适用于浓海水入海的计算。

1. 二维温度方程

二维温度方程如下：

$$\frac{\partial h\overline{T}}{\partial t} + \frac{\partial h\overline{u}\overline{T}}{\partial x} + \frac{\partial h\overline{v}\overline{T}}{\partial y} = hF_T + h\hat{H} + hT_s S \tag{6-10}$$

$$F_T = \left[\frac{\partial}{\partial x}\left(D_h \frac{\partial}{\partial x}\right) + \frac{\partial}{\partial y}\left(D_h \frac{\partial}{\partial y}\right)\right]T \tag{6-11}$$

式中，x、y 为笛卡儿坐标；$\overline{T}$ 为深度平均温度，℃；$\hat{H}$ 为海气热交换项；T_s 为点源排放的温度，℃；D_h 为水平扩散系数。

2. 三维温度方程

$$\frac{\partial T}{\partial t}+\frac{\partial uT}{\partial x}+\frac{\partial vT}{\partial y}+\frac{\partial wT}{\partial z}=\frac{\partial}{\partial z}\left(D_v\frac{\partial T}{\partial z}\right)+F_T+\hat{H}+T_sS \tag{6-12}$$

$$F_T=\left[\frac{\partial}{\partial x}\left(D_h\frac{\partial}{\partial x}\right)+\frac{\partial}{\partial y}\left(D_h\frac{\partial}{\partial y}\right)\right]T \tag{6-13}$$

式中，x、y、z 为笛卡儿坐标；T 为温度；D_v 为垂直紊动扩散系数。

6.1.3　盐度预测方程

按照盐度输运扩散的维度，可分为一维模型、二维模型以及三维模型。其中，一维模型应用范围局限，不适用于浓海水入海的计算。

1. 二维盐度预测方程

二维盐度预测方程如下：

$$\frac{\partial s}{\partial t}+\frac{\partial us}{\partial x}+\frac{\partial vs}{\partial y}=F_s+F_s+s_sS \tag{6-14}$$

$$F_s=\left[\frac{\partial}{\partial x}\left(D_h\frac{\partial}{\partial x}\right)+\frac{\partial}{\partial y}\left(D_h\frac{\partial}{\partial y}\right)\right]s \tag{6-15}$$

式中，x、y 为笛卡儿坐标；s 为盐度；s_s 为点源排放的盐度；F_s 为水平扩散项。

2. 三维盐度预测方程

三维盐度预测方程如下：

$$\frac{\partial T}{\partial t}+\frac{\partial uT}{\partial x}+\frac{\partial vT}{\partial y}+\frac{\partial wT}{\partial z}=\frac{\partial}{\partial z}\left(D_v\frac{\partial T}{\partial z}\right)+F_T+\hat{H}+T_sS \tag{6-16}$$

$$F_T=\left[\frac{\partial}{\partial x}\left(D_h\frac{\partial}{\partial x}\right)+\frac{\partial}{\partial y}\left(D_h\frac{\partial}{\partial y}\right)\right]T \tag{6-17}$$

$$\frac{\partial s}{\partial t}+\frac{\partial us}{\partial x}+\frac{\partial vs}{\partial y}+\frac{\partial ws}{\partial z}=\frac{\partial}{\partial z}\left(D_v\frac{\partial T}{\partial z}\right)+F_s+s_ss \tag{6-18}$$

$$F_s = \left[\frac{\partial}{\partial x} \left(D_h \frac{\partial}{\partial x} \right) + \frac{\partial}{\partial y} \left(D_h \frac{\partial}{\partial y} \right) \right] s \tag{6-19}$$

6.2 预测方法

在浓海水入海预测实践中，通常利用基于计算机技术的数值模拟方法求解上述水动力温度和盐度控制方程，得到受纳海域海水、盐度、盐升及其时空变化规律。目前，用于浓海水入海盐度预测的数值模拟方法包括商业软件、开源代码、自编软件或代码。

(1)商业软件具有计算过程简便、结果可视化程度高、可重复性强的优点。在各种商业软件中，MIKE 软件在工程实践中应用时间长、使用范围广、可视化程度高。

(2)常用开源代码有 FVCOM、Delft 3D、TELEMAC，具有透明度高、可优化性强、计算速度快的优点，便于用户二次开发，成本较低，操作系统兼容性强，可根据实际选用。在选用开源代码时，应保证计算过程和结果的可重复性，应说明是否修改源程序及修改内容。

(3)自编软件或代码具有自主知识产权，有利于我国数值模拟计算核心技术自主创新，应选择成熟可靠并在浓海水预测实践中得到过成功应用的自编软件或代码，在使用时应给出计算公式、模型参数。

6.3 计算维度

(1)一维数学模型应用范围局限，不适用于浓海水入海的计算。

(2)工程选址阶段方案对比可选用二维数学模型。

(3)可研阶段取排水口位置比选可采用二维数学模型初选；推荐方案的浓海水入海预测应选用三维数学模型；对于区域环境复杂的工况，可采用二维、三维嵌套模式进行模拟；在密度较为均匀的宽浅水域、远离取排水口区域可选用二维数学模型。

7 模 型 构 建

7.1 模型范围及网格尺度

7.1.1 模型范围

(1)应根据模拟预测需要确定适当的模型范围。模型开边界应远离可能影响浓海水输运扩散的大型海岸海洋工程,模型范围应包含受纳海域及附近河流入海径流可能影响到的海域,并结合已有实测潮位、海流测站(如国家长期水文站、潮汐测站)确定,以提高模型验证与预测精度。

(2)模型开边界应避免或尽量减少开边界水流、热量、水下地形等对模拟区域流场、温度场、盐度场的影响,海洋开边界应位于河流入海径流影响不到的区域,河流开边界应位于河口潮区界以上。

(3)模型开边界应选择实测潮汐数据资料,如无实测数据资料,可采用全球潮汐模型提取潮位边界。对于三维模型,还需设置垂向流速、水温、盐度变化。

(4)模型范围应覆盖取排水工程附近的海洋生态敏感区等。如果附近有其他取排水工程,还应涵盖温排水和浓海水的影响范围。

(5)模型固边界可以工程所在海域的最新海图岸线为准,也可通过现场调查或遥感监测获取。

7.1.2　网格设置

(1)模型网格尺寸应满足计算精度的要求,能够反映水工构筑物、浓海水入海等对其水动力、热力、盐输运扩散的影响。

(2)对于正交网格或曲线正交网格,长宽比应在1～2范围内。

(3)对于三角形网格,应尽量调整网格为正三角形,网格最小角度不宜小于30°。

(4)在水流、热力、盐度梯度变化大的区域应加密网格。

(5)在取排水口及附近区域应加密网格,网格尺寸在水平方向最小尺寸应不超过取排水口宽度的1/3。

(6)在河道、峡道、水下三角洲、潮汐汊道等地形变化大的区域应加密网格。

(7)当潮滩发育有较大规模潮沟系统时,垂直于主潮沟方向的沟底应设置至少一个网格。

(8)大范围计算时,可采用二维、三维结合的嵌套模型,适当减少三维计算区域,在保证计算精度前提下提高计算效率。

7.1.3　源强设置

取(排)水点及源强设置应符合以下要求。

(1)取排水明渠按照设计参数进行设置,包括尺寸、方位、明渠水深等。

(2)离岸取(排)水方案的取(排)水头部按照设计参数进行设置,包括数量、尺寸、点源位置和高程等。

(3)有多个取(排)水口时,应按取(排)水口构筑物实际尺寸和平面布置建立模型。

(4)取排水口确需进行概化时,需给出概化原因、概化方案并分析其对预测结果的影响。

(5)取(排)水源强宜按照设计取排水量设置。

7.2　数字高程模型

(1)对地形数据进行预处理,包括水深基准面取值及计算、观测时间、潮型等。测图需换算成统一的基准面和坐标系,基准面和坐标系应与工程总平面图保持一致。

(2)采用定点法、重复测线法、交叉测线法对相邻测区的重合点水深数据进行比对,对不符值进行系统误差、粗差检验和剔除。剔除系统误差和粗差后,其主检不符值限差为:水深小于 30m 时为 0.6m;水深大于 30m(含 30m)时为水深的 2%;超限的点数不得超过参加比对总点数的 10%。

(3)采用反距离加权插值法、克里金插值法、线性插值法等,将水深散点数据插值到模型网格中。选用插值方法前应进行精度验证,选择误差最小的插值方法进行空间插值。

(4)如果监测预测区域存在较大范围潮滩时,应对潮滩地形数据进行潮滩地貌校正,校正后潮滩地形数据应满足以下要求。

①如果潮滩上发育有规模较大的潮沟系统,宜根据现场勘查和遥感影像给出主潮沟边界。

②根据主潮沟上游端、下游端沟底和潮沟两侧的高程,通过内插给出潮沟沟底和两侧沟壁的高程数据,沟底高程应自上游向下游减小。

③主潮沟两侧流域内的滩面地形宜沿潮沟支流向主潮沟沟底倾斜,落潮时滩面水流能够直接汇入主潮沟。

④主潮沟流域以外的其他滩面地形宜自岸线向海倾斜,落潮时滩面水流直接流回滩外海域。

7.3　初始条件

初始条件是模拟开始时赋予水位、流速、温度、盐度等变量的初始值。应根据实测数据或者遥感影像解译数据制作水位场、流速场、温度场、盐度场等。

7.3.1　二维初始值

(1)水位。

$$\zeta(x,y,t)|_{t=0}=\zeta_0(x,y) \tag{6-20}$$

(2)流速。

$$u(x,y,t)|_{t=0}=u_0(x,y)$$
$$v(x,y,t)|_{t=0}=v_0(x,y)$$
$$(6\text{-}21)$$

(3)温度。

$$T(x,y,t)|_{t=0}=T_0(x,y) \tag{6-22}$$

(4)盐度。

$$s(x,y,t)|_{t=0}=s_0(x,y) \tag{6-23}$$

式(6-20)～式(6-23)中，ζ 为 xoy 坐标平面的水位；u、v 分别为流速矢量 $\vec{V}$ 沿 x、y 方向的分量；t 为时间；ζ_0、u_0、v_0、w_0、T_0 和 s_0 分别是 ζ、u、v、w、T 和 s 初始条件下的已知值。

7.3.2　三维初始值

(1)水位。

$$\zeta(x,y,z,t)|_{t=0}=\zeta_0(x,y,z) \tag{6-24}$$

(2)流速。

$$u(x,y,z,t)|_{t=0}=u_0(x,y,z)$$
$$v(x,y,z,t)|_{t=0}=v_0(x,y,z)$$
$$w(x,y,z,t)|_{t=0}=w_0(x,y,z)$$
$$(6\text{-}25)$$

(3)温度。

$$T(x,y,z,t)|_{t=0}=T_0(x,y,z) \tag{6-26}$$

(4)盐度。

$$s(x,y,z,t)|_{t=0}=s_0(x,y,z) \tag{6-27}$$

式(6-24)～式(6-27)中，ζ 为 xoy 坐标平面的水位；u、v、w 分别为流速矢量 $\vec{V}$ 沿 x、y、z 方向的分量；t 为时间；ζ_0、u_0、v_0、w_0、T_0 和 s_0 分别是 ζ、u、v、w、T 和 s 初始条件下的已知值。

7.4　边界条件

边界条件分为固边界、开边界、干湿边界等，开边界主要包括潮位、流速、温度和盐度。边界条件处理应与边界物理量实际变化情况协调一致，保证边界条件处理上的差异不会对计算结果产生明显影响。

7.4.1 固边界

(1)法向流速为零。

$$\vec{V} \cdot \vec{n} = 0 \tag{6-28}$$

(2)温度。

$$\frac{\partial T}{\partial \vec{n}} = 0 \tag{6-29}$$

式中，$\vec{n}$ 为固边界的法线方向。

(3)盐度。

$$\frac{\partial s}{\partial \vec{n}} = 0 \tag{6-30}$$

7.4.2 开边界

(1)潮位。

$$\zeta(x,y,t)|_{t=0} = \zeta^*(x,y,t) \tag{6-31}$$

(2)流速。
①二维初始值。

$$u(x,y,t)|_{t=0} = u^*(x,y,t)$$
$$v(x,y,t)|_{t=0} = v^*(x,y,t) \tag{6-32}$$

②三维初始值。

$$u(x,y,z,t)|_{t=0} = u^*(x,y,z,t)$$
$$v(x,y,z,t)|_{t=0} = v^*(x,y,z,t) \tag{6-33}$$

(3)边界入流温度。
①二维初始值。

$$T(x,y,t)|_{t=0} = T^*(x,y,t) \tag{6-34}$$

②三维初始值。

$$T(x,y,z,t)|_{t=0} = T^*(x,y,z,t) \tag{6-35}$$

(4)边界出流温度。

$$\frac{\partial T}{\partial \vec{n}} + u_n \frac{\partial T}{\partial \vec{n}} = 0 \qquad (6\text{-}36)$$

(5)边界入流盐度。

①二维初始值。

$$s(x, y, t)|_{t=0} = s^*(x, y, t) \qquad (6\text{-}37)$$

②三维初始值。

$$s(x, y, z, t)|_{t=0} = s^*(x, y, z, t) \qquad (6\text{-}38)$$

(6)边界出流盐度。

$$\frac{\partial s}{\partial \vec{n}} + u_n \frac{\partial s}{\partial \vec{n}} = 0 \qquad (6\text{-}39)$$

式(6-31)~式(6-39)中，ζ 为 xoy 坐标平面的水位，m；ζ^* 为 ζ 的已知值，m；u、v 分别为流速矢量 $\vec{V}$ 沿 x、y 的分量，m/s；u^*、v^* 为 u、v 的已知值，m/s；s 为入流盐度，psu；s^* 为 s 的已知值；t 为时间，s；u_n 为开边界法向流速；$\vec{n}$ 为开边界法向矢量。

(7)开边界数据来源。

①盐度。可采用实测数据，也可采用再分析数据。

②潮位。如开边界附近有潮位站分布，应合理选择邻近潮位站潮汐数据作为开边界条件；如开边界附近无潮位站，一般采用 TPXO 提供的全球海域调和常数或调和分析得到。对于嵌套模型，小区域的开边界可由大区域计算结果提供。

③河流。根据径流数据统计不同年份、季节的流量和盐度。径流数据应以收集水文站实测资料为主，若没有，需补充现场观测。

7.4.3　干湿边界

为了避免模型计算出现不稳定，应设置模型干湿交替区，包括干水深(h_{dy})、湿水深(h_{wet})和淹没水深(h_{flood})。干水深取值可根据底质中粗颗粒组分粒径确定，一般不宜超过 0.005m。湿水深可按照微地貌起伏高度取值，一般不宜超过 0.2m，但不宜小于 0.05m。淹没水深取值在干湿水深之间，一般不宜超过 0.1m。

7.5　取排水口条件

(1)取排水口概化。

海水淡化工程取排水口数量较多且相近距离不超过 6m 时，可对取排水口进行概化，概化时应符合以下要求。

①概化前后取排水总流量和方向应保持一致。

②取排水采用多根管道，且每根管道上布设多个取排水口时，应综合考虑取(排)水口直径、间距、数量等分区概化。

(2)取排水口位置确定。

二维模型应给出平面坐标；三维模型除给出平面坐标外，应根据垂向分层数量，确定取排水口所在具体水层的位置。

(3)取排水强度确定。

取排水量应采用淡化厂满功率运行时的数据，综合考虑河流径流、海洋动力以及海洋生物等情况比选出最不利工况。浓海水出流流量和盐度应按照不同季节(丰水期和枯水期)、典型潮型(大潮、中潮、小潮)等情况，选择季节平均、月平均或日均最大数据。

(4)排水口出流方向确定。

(5)模型中应考虑排水口的出流方向，出流方向应根据排水口设计方案确定。

7.6 计算周期与时间步长

(1)模型计算周期应涵盖浓海水入海扩散最大范围所需要时间，一般应不少于60天，其中模型稳定计算时间应不少于30天，计算结果可选取最后15天。

(2)时间步长，即模拟程序中每一次处理的时间单位。时间步长设置应满足稳定系数 CFL 小于 1，计算公式如下：

$$CFL = (v\Delta t)/\Delta x \qquad (6\text{-}40)$$

式中，CFL 为稳定系数；v 为海水流速；Δt 为时间步长；Δx 为网格尺寸。

8 模 型 验 证

8.1 验证要素

应依次验证潮位、流速、流向、盐度(或盐升)的模拟预测精度，前一项验证符合其验证指标要求后才能进行下一项验证。在监测预测范围内，若无浓海水实际排放可不验证盐升。对于扩建和周边海域有其他浓海水影响的海水淡化工程，应同时验证盐度和盐升。用于验证的数据应为现场监测数据。

8.2 数据要求

用于验证的实测资料的站位布置应能反映预测海域的水文特征和盐度分布，

应包含 3 个及以上测站连续 1 个月潮位数据和 6 个及以上测站大潮、中潮、小潮全潮同步海流数据；盐度实测站位数据应与海流同步。水文观测具体要求按本书第 2 篇第 3 部分执行。

用于验证的预测数据应符合模型计算和稳定时间要求，模型达到稳定后的模拟数据方可用作模型验证。

8.3　验证精度

(1)潮位。

潮位过程线形态应基本一致，潮位验证时间相位差宜在 ±0.5h 范围内，最高、最低潮位允许偏差为 ±10cm。

(2)流速。

流速过程线形态应基本一致，憩流和最大流速出现时间允许偏差宜在 ±0.5h 以内。测点涨潮期平均流速、落潮期平均流速允许偏差宜在 ±10% 以内。

(3)流向。

流向过程线形态应基本一致，往复流时测站主流流向允许偏差宜在 ±10° 以内，平均流向允许偏差宜在 ±10° 以内；旋转流时测站流向允许偏差宜在 ±15° 以内。

(4)盐度。

现场监测站位布设应能反映排放前盐度梯度和排放后盐升梯度，其平均盐度允许偏差宜在 ±0.5psu 以内。

(5)盐升。

平均盐升允许偏差宜在 ±0.5psu 以内。

9　计算工况和成果分析

9.1　计算工况

应分别模拟计算不同取排水方案典型季节(平均盐度最大、最小季节)、典型潮型(大潮、中潮、小潮)、典型潮时(涨急、落急、涨憩、落憩)的潮流场、盐度场和盐升场，得到典型半月潮条件下不同盐升包络范围和面积，如有需要，应开展不同排放水层、不同排水口出水方向的模拟计算。

当出现下列情况时，应增加计算工况。

(1)如果取排水工程对附近海底地形冲淤影响较大，应增加工程后地形冲淤达到平衡时的计算工况。

(2)如果工程附近有海洋生态敏感区或取水口可能受盐回归影响，必要时应增加不利风的计算工况。

(3)如果工程附近有其他浓海水排放,应增加考虑浓海水扩散叠加效应和取水口盐回归效应的计算工况。

9.2 成果分析

9.2.1 成果计算

应包括背景盐度提取、盐升场计算等,具体计算按本书第 1 篇第 2 部分的要求执行。

9.2.2 专题图件编绘

应包括不同工况工程附近海域海水盐度分布图、变化曲线图、盐升分布图、盐升包络线图以及其他必要的图件,具体按照本书第 1 篇第 1 部分的要求执行。

9.2.3 数据统计与分析

在成果计算、专题图件编绘及面积统计的基础上,对数值模拟计算结果进行分析,应包括以下内容。

(1)分析计算结果合理性。

(2)统计不同工况不同盐升区面积。

(3)分析不同工况潮位、流速、流向、盐度、盐升时空分布和变化规律。

(4)如果工程附近有海洋生态敏感区,应给出各盐升范围与海洋生态敏感区的叠置图,并分析不利风况下盐升区影响海洋生态敏感区的范围和面积。

(5)如果取水口可能受盐回归影响,应分析不利风况下盐升区对取水盐度的影响。

(6)对于风海流、沿岸流较强的海域,应在与代表性余流组合条件下,给出连续运行情况下全月潮浓海水模拟结果。

(7)如果 3.0psu 及以上盐升包络线离岸较近,应分析盐升抵达当地 0m 等深线和固边界的可能性及其影响时间。

本部分附录　海水淡化工程浓海水入海数值模拟预测专题报告大纲

1　前言
1.1　项目背景
1.2　工作目的

第7部分　数值模拟关键参数取值

1　范　　围

本部分对 MIKE、FVCOM、Delft 3D、TELEMAC 等常用数值模拟预测方法中的关键参数取值进行了规范。

本部分适用于海水淡化工程浓海水入海后的受纳海域海水盐度变化预测。地下卤水开采等产生的高盐度水体入海预测可参照执行。

2　规范性引用文件

以下为本部分规范引用的文件。

GB/T 19485—2014　海洋工程环境影响评价技术导则

GB/T 42361—2023　海域使用论证技术导则

GB/T 50102—2014　工业循环水冷却水设计规范

HJ 1037—2019　核动力厂取排水环境影响评价指南(试行)

JTS/T 231—2021　水运工程模拟试验技术规范

DL/T 5084—2021　电力工程水文技术规程

NB/T 20106—2012　核电厂冷却水模拟技术规程

SL 160—2012　冷却水工程水力、热力模拟技术规程

SL/T 278—2020　水利水电工程水文计算规范

3　术语和定义

3.1　底摩阻系数(bed resistance)

衡量海底对海水流动阻碍作用大小的物理量。

3.2　扩散系数(eddy diffusion coefficient)

衡量流体中某一点的温度扰动传递到另一点的速率大小的系数，包括水平扩

散系数和垂直扩散系数。

3.3　涡黏系数（eddy viscosity）

表征紊流中流体质点团紊动强弱的系数。

4　MIKE

MIKE 模型由丹麦水资源及水环境研究所（DHI）于 1970 年研发，此后不断改进，陆续推出了多种版本，目前在河流、湖泊、河口、海湾、沿海和外海的潮流、泥沙、风暴潮、温排水、浓海水等数值模拟中广泛应用，本部分仅针对 2014 及以上版本中的关键参数。

4.1　底摩阻系数

底摩阻是影响潮波能量耗散的主要因素，对潮波的振幅和相位分布有极其重要的影响，其强度用底摩阻系数表征，其数值大小在潮周期运动中随时间而变化。底摩阻系数计算公式基于边界层理论提出：

$$\frac{\vec{\tau}_b}{\rho_0} = c_f \vec{u}_b \left| \vec{u}_b \right| \tag{7-1}$$

式中，$\vec{\tau}_b$ 为底部应力；c_f 为底摩阻系数；$\vec{u}_b = (u_b, v_b)$ 在二维模型中是深度平均流速，在三维模型中为底层流速，m/s；ρ_0 为海水密度，kg/m^3。

底摩阻系数大小主要受海底底质类型、海底地形、植被等影响，尤以海底底质类型影响最大。底摩阻系数取值可根据谢才系数、曼宁系数、底床粗糙高度计算得到，在具体模拟预测时可根据实际情况选用。在实际数值模拟中，有时将某一海域的底摩阻系数概化为一个常数，不同海域的常数取值或者根据经验确定，或者经过反复调试计算得到。

4.1.1　二维模型

MIKE 二维模型计算底部应力时，$\vec{u}_b$ 是深度平均流速，底摩阻系数 c_f 可根据谢才系数 C 或曼宁系数 M 确定。

（1）谢才公式。

$$c_f = \frac{g}{C^2} \tag{7-2}$$

式中，C 为谢才系数，常用取值范围为 $35\sim50\text{m}^{1/3}/\text{s}$，具体取值时可主要考虑海底底质类型，底质越粗取值越小。

（2）曼宁公式。

$$c_{\text{f}} = \frac{g}{(Mh^{1/6})^2} \tag{7-3}$$

式中，h 为总水深，m；M 为曼宁系数，$\text{m}^{1/3}/\text{s}$，常用取值范围为 $20\sim40\text{m}^{1/3}/\text{s}$，具体取值时可主要考虑海底底质类型，底质越粗取值越小。

$$M = \frac{1}{n} \tag{7-4}$$

$$n = \frac{0.025}{(5.1-h)^{0.2}} + 0.08\text{e}^{h-5.1} \tag{7-5}$$

式中，n 是糙率，$\text{m}^{-1/3}/\text{s}$；h 为总水深，m，取值为负值。

曼宁系数的取值需考虑海底地形、植被、沉积物粒度组成等因素引起的糙率的平面分布的不同，宜由试验确定，缺乏试验资料时可参考表 7-1 取值并验证。计算海域水深变化较大时，底摩阻系数宜采用曼宁公式计算。

表 7-1 不同底质曼宁系数取值参考表

参数	泥质	砂泥质	砂质
曼宁系数/$(\text{m}^{1/3}/\text{s})$	$33\sim100$	$25\sim33$	$14\sim25$

4.1.2 三维模型

MIKE 三维模型计算底部应力时，$\bar{u}_{\text{b}}$ 是指海床上方距离 z_{b} 处的速度，底摩阻系数 c_{f} 通过假设海床和海床上方距离 z_{b} 处的点之间的对数剖面确定。

$$c_{\text{f}} = \frac{1}{\left[\frac{1}{\kappa}\ln\left(\frac{z_{\text{b}}}{z_0}\right)\right]^2} \tag{7-6}$$

$$z_0 = mk_{\text{s}} \tag{7-7}$$

曼宁系数与 k_{s} 的关系为

$$M = \frac{25.4}{k_{\text{s}}^{1/6}} \tag{7-8}$$

式中，k_s 为底部粗糙高度（尼古拉兹粗糙高度），取值范围为 $0.01 \sim 0.15$m，底质越粗取值越大，默认值是 0.05m；z_0 为海床粗糙高度；m 为经验常数，取值 $1/30$；M 为曼宁系数，可参考表 7-1 取值，沙波发育的河口、底沙颗粒较粗的砂质海岸糙率较大，曼宁系数宜在 $14 \sim 35 \mathrm{m}^{1/3}/\mathrm{s}$ 范围内取值；淤泥质、粉砂质海床糙率较小，曼宁系数一般取值为 $36 \sim 100 \mathrm{m}^{1/3}/\mathrm{s}$，实际计算中曼宁系数取值应根据实测流速率定结果确定；κ 为卡门常数，取值为 0.4；z_b 为最下一层中心处的高度。

4.2　水平涡黏系数

水平涡黏系数的计算公式基于水平湍流正应力和流场的联系构建，实际计算中可采用模型在线计算，特殊情况下可采用定常值。

4.2.1　模型在线计算

水平涡黏系数时空变化显著，一般应使用模型在线计算。其数值与流速的散度正相关，估算公式如下：

$$\upsilon_h = c_s^2 l^2 \sqrt{2 S_{ij} S_{ij}}$$

$$S_{ij} = \frac{1}{2}\left(\frac{\partial u_i}{\partial x_j} + \frac{\partial u_j}{\partial x_i} \right), \qquad i,j = 1,2 \tag{7-9}$$

式中，c_s 为斯马戈林斯基（Smagorinsky）系数，取值范围 $0.25 \sim 1.0$，默认值是 0.28；l 为特征长度；S_{ij} 为变形率。

4.2.2　定常值

由于水平涡黏系数时空变化较大，一般不建议采用定常值。特殊情况下，如果水平涡黏系数时空变化较小，也可采用定常值。水平涡黏系数可根据水平扩散系数与其关系式计算得到，关系式见式(7-9)。中国近岸海域水平涡黏系数一般取值为 $0 \sim 45 \mathrm{m}^2/\mathrm{s}$。其中，渤海近岸一般为 $0 \sim 15 \mathrm{m}^2/\mathrm{s}$，北黄海近岸一般为 $0 \sim 45 \mathrm{m}^2/\mathrm{s}$，南黄海近岸一般为 $0 \sim 18 \mathrm{m}^2/\mathrm{s}$，东海和南海近岸一般为 $0 \sim 45 \mathrm{m}^2/\mathrm{s}$，其分布趋势见图 7-1。

4.3　水平扩散系数

在一个不流动的环境中，若某组分在空间各位置上的浓度不同，则该组分的分子可从浓度高的位置扩散到浓度低的位置，单位面积扩散速率与浓度梯度成正比，这个比例常数称为分子扩散系数，沿水平方向的分子扩散强度即水平扩散系数。

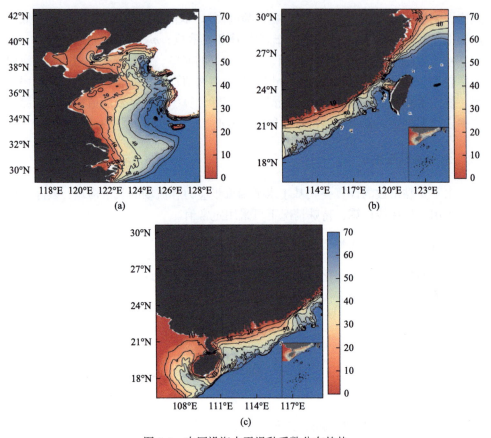

图 7-1　中国沿海水平涡黏系数分布趋势

4.3.1　模型在线计算

水平扩散系数时空变化显著，一般使用模型在线计算，采用标度涡流黏度公式计算水平扩散系数，计算公式如下：

$$D_h = \frac{\upsilon_h}{\sigma_t} \tag{7-10}$$

式中，σ_t 为紊动普朗特数，宜在 0.7～1.0 范围内取值，默认值为 0.9。

4.3.2　定常值

由于水平扩散系数时空变化较大，一般不建议采用定常值。特殊情况下，如果水平扩散系数时空变化较小，也可采用定常值，常见的水平扩散系数计算公式如下：

（1）根据分流速、总水深估算水平扩散系数：

$$D_{\mathrm{h}} = \alpha\kappa\left(u^2 + v^2\right)^{1/2} h \tag{7-11}$$

式中，$\alpha = 5.93$；κ 为卡门常数，取值为 0.4；u、v 分别为 x、y 方向的分速度；h 为总水深。

根据式(7-11)计算，中国近岸海域水平扩散系数一般为 $0\sim45\mathrm{m}^2/\mathrm{s}$，具体数值可参考图 7-2。

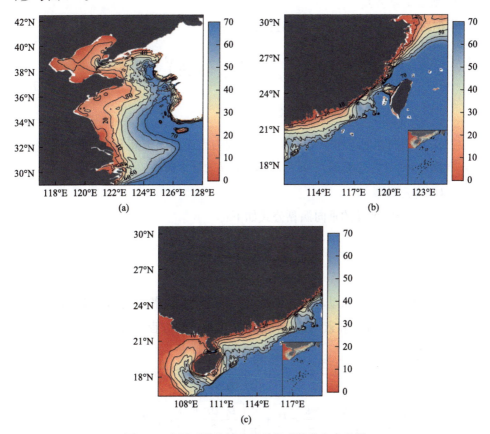

图 7-2　中国近岸海域水平扩散系数分布参考图

(2)对河道而言，水平扩散系数除与流速、水深有关外，还与河道宽度有关：

$$D_{\mathrm{h}} = 0.011\frac{V^2 W^2}{hv} \tag{7-12}$$

式中，V 为平均流速；W 为河道宽度；h 为总水深；v 为流速。

4.4　垂向涡黏系数

垂向涡黏系数的计算公式基于垂向湍流正应力和流场的联系构建，实际计算中可采用模型在线计算，特殊情况下可采用定常值。

4.4.1 模型在线计算

垂向涡黏系数时空变化显著，一般应使用模型在线计算。模型中有两种垂向涡黏系数计算公式，分别为对数定律公式和 k-ε 紊动模型。

1. 对数定律公式

根据对数定律推导的垂向涡黏公式如下：

$$\upsilon_t = U_\tau h \left[c_1 \frac{z+d}{h} + c_2 \left(\frac{z+d}{h} \right)^2 \right]$$

$$U_\tau = \max(U_{\tau s}, U_{\tau b}) \tag{7-13}$$

式中，υ_t 为垂向涡黏系数；$U_{\tau s}$ 和 $U_{\tau b}$ 分别为表面风阻流速和摩阻流速；c_1、c_2 均为常数（c_1=0.41，c_2=0.41）；h 为总水深；d 为静水深度；z 为海平面高程。

2. k-ε 紊流模型

根据 k-ε 公式推导的垂向涡黏公式如下：

$$\upsilon_t = c_\mu \frac{k^2}{\varepsilon} \tag{7-14}$$

式中，k 为单位质量的紊动动能；ε 为紊动动能的耗散率；c_μ 为经验常数。

其中，紊动动能 k 和紊动动能耗散率 ε 可由下列方程求解：

$$\frac{\partial k}{\partial t} + \frac{\partial uk}{\partial x} + \frac{\partial vk}{\partial y} + \frac{\partial wk}{\partial z} = F_k + \frac{\partial}{\partial z} \left(\frac{\upsilon_t}{\sigma_k} \frac{\partial k}{\partial z} \right) + P + B - \varepsilon$$

$$\frac{\partial \varepsilon}{\partial t} + \frac{\partial u\varepsilon}{\partial x} + \frac{\partial v\varepsilon}{\partial y} + \frac{\partial w\varepsilon}{\partial z} = F_\varepsilon + \frac{\partial}{\partial z} \left(\frac{\upsilon_t}{\sigma_\varepsilon} \frac{\partial \varepsilon}{\partial z} \right) + \frac{\varepsilon}{k} (c_{1\varepsilon} P + c_{3\varepsilon} B - c_{2\varepsilon} \varepsilon) \tag{7-15}$$

式中，剪切应力 P 和浮升力 B 通过以下公式求得

$$P = \frac{\tau_{xz}}{\rho_0} \frac{\partial u}{\partial z} + \frac{\tau_{yz}}{\rho_0} \frac{\partial v}{\partial z} \approx \upsilon_t \left[\left(\frac{\partial u}{\partial z} \right)^2 + \left(\frac{\partial v}{\partial z} \right)^2 \right]$$

$$B = -\frac{\upsilon_t}{\sigma_t} N^2 \tag{7-16}$$

$$N^2 = -\frac{g}{\rho_0} \frac{\partial \rho}{\partial z}$$

式中，σ_t 为紊动普朗特数；σ_k、σ_ε、$c_{1\varepsilon}$、$c_{2\varepsilon}$ 和 $c_{3\varepsilon}$ 均为经验常数（表 7-2）。

表 7-2　k-ε 紊流模型的经验常数

c_μ	$c_{1\varepsilon}$	$c_{2\varepsilon}$	$c_{3\varepsilon}$	σ_t	σ_k	σ_ε
0.09	1.44	1.92	0	0.9	1.0	1.3

F 为紊动水平扩散项，计算式如下：

$$(F_k, F_\varepsilon) = \left[\frac{\partial}{\partial x}\left(D_h \frac{\partial}{\partial x} \right) + \frac{\partial}{\partial y}\left(D_h \frac{\partial}{\partial y} \right) \right](k, \varepsilon) \tag{7-17}$$

其中，海表和海底紊动动能及其耗散率不同。海表紊动动能及其耗散率受风应力影响，公式如下：

$$k = \frac{1}{\sqrt{c_\mu}} U_{\tau s}^2 \tag{7-18}$$

$$\varepsilon = \begin{cases} \dfrac{U_{\tau s}^3}{\kappa \Delta z_s}, & U_{\tau s} > 0 \\[3mm] \dfrac{(k\sqrt{c_\mu})^{3/2}}{a\kappa h}, & \dfrac{\partial k}{\partial z} = 0, U_{\tau s} = 0 \end{cases} \tag{7-19}$$

式中，κ 为卡门常数，取值为 0.4；a 为经验常数，取值为 0.07；Δz_s 为距离施加边界条件表面的距离。

海底紊动动能及其耗散率受底摩阻力影响，公式如下：

$$k = \frac{1}{\sqrt{c_\mu}} U_{\tau b}^2 \tag{7-20}$$

$$\varepsilon = \frac{U_{\tau b}^3}{\kappa \Delta z_b} \tag{7-21}$$

式中，Δz_b 为距离施加边界条件底部的距离；$U_{\tau b}$ 为摩阻流速；κ 为卡门系数，取值 0.4。

4.4.2　定常值

垂向紊动黏性系数宜采用实验或经验公式确定，垂向涡黏系数取值与流速、水深相关，不同水层、不同季节下取值存在差异。取值范围可根据垂向扩散系数与垂向涡黏系数关系式计算得到，中国沿海垂向涡黏系数取值可参考图 7-3。

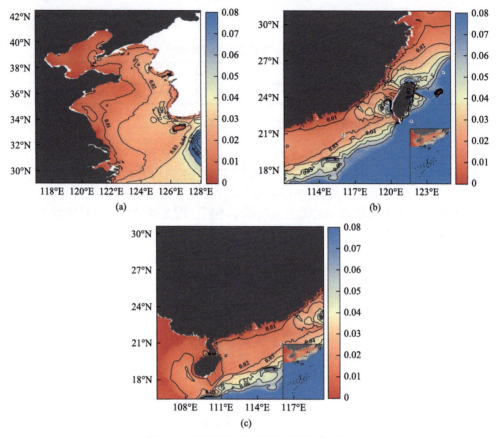

图 7-3　中国沿海垂向涡黏系数分布趋势

4.5　垂向扩散系数

在一个不流动的环境中，若某组分在空间各位置上的浓度不同，则此组分的分子可从浓度高的位置扩散到浓度低的位置，单位面积扩散速率与浓度梯度成正比，这个比例常数称为分子扩散系数，沿垂直方向的分子扩散强度即垂向扩散系数。

4.5.1　模型在线计算

垂向扩散系数时空变化显著，一般应使用模型在线计算。采用标度涡黏公式计算垂向扩散系数，计算公式如下：

$$D_v = \frac{\upsilon_t}{\sigma_t} \tag{7-22}$$

式中，D_v 为垂向扩散系数；σ_t 为紊动普朗特数，宜在 0.7～1.0 范围内取值，推荐值为 0.9。

4.5.2　定常值

由于垂向扩散系数时空变化较大，一般不建议采用定常值。特殊情况下，如果垂向扩散系数时空变化较小，也可采用定常值，其数值与摩阻流速、水深正相关，估算公式如下：

$$D_v = 0.067hU_{\tau b} \tag{7-23}$$

式中，D_v 为垂向扩散系数；$U_{\tau b}$ 为摩阻流速，m/s；h 为总水深，m。

D_v 取值范围为 10^{-6}～0.4 m^2/s，计算时可根据计算海域的摩阻流速和水深确定具体数值。中国沿海垂向扩散系数取值可参考图 7-4。

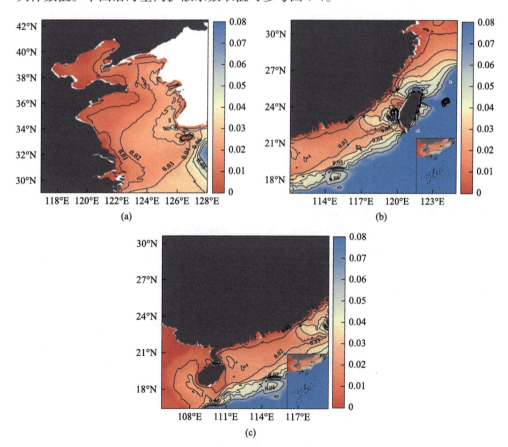

图 7-4　中国沿海垂向扩散系数分布趋势

5 FVCOM

有限体积海岸海洋模型(finite-volume coastal ocean model，FVCOM)由陈长胜领导的马萨诸塞州达特茅斯学院海洋生态动力学模型实验室与伍兹霍尔海洋学研究所的 Robert C. Beardsley 合作开发，是三维自由网格、自由表面、原始方程、有限体积的海岸、大洋数值模型，主要包括水质模块、生态模块、泥沙输运模块、流场-波浪-泥沙耦合模块等。模型结合了有限元法和有限差分法的优点，适合模拟浅海复杂水动力环境。

5.1 底摩阻系数

底摩阻是影响潮波能量耗散的主要因素，对潮波的振幅和相位分布有极其重要的影响，其强度用底摩阻系数表征，其数值大小在潮周期运动中随时间而变化。底摩阻计算公式如下：

$$\left(\tau_{bx}, \tau_{by}\right) = c_f \sqrt{u^2 + v^2}(u, v)$$

$$c_f = \max\left\{\kappa^2 \big/ \ln\left(z_{ab}/z_0\right)^2, 0.0025\right\} \tag{7-24}$$

式中，τ_{bx}、τ_{by} 分别为 x、y 方向上的底切应力；c_f 为底摩阻系数；z_{ab} 为最底层 σ 层与海底之间的距离，m；κ 为卡门常数，取值为 0.4；z_0 为底部粗糙高度，m，我国海域取值为 $0 \sim 0.06$m，具体取值时可主要考虑海底底质类型，底质越粗取值越大，模型中默认值为 0.04m。

在实际数值模拟中，有时将某一海域的底摩阻系数概化为一个常数，不同海域的常数取值或者根据经验确定，或者经过反复调试计算得到。

5.2 水平扩散系数

在一个不流动的环境中，若某组分在空间各位置上的浓度不同，则该组分的分子可从浓度高的位置扩散到浓度低的位置，单位面积扩散速率与浓度梯度成正比，这个比例常数称为分子扩散系数，沿水平方向的分子扩散强度即水平扩散系数。

5.2.1 模型在线计算

水平扩散系数采用 Smagorinsky 公式进行计算：

$$D_{\mathrm{h}} = 0.5C_{\mathrm{m}}\Omega^{\mathrm{m}}\sqrt{\left(\frac{\partial u}{\partial x}\right)^{2} + 0.5\left(\frac{\partial v}{\partial x} + \frac{\partial u}{\partial y}\right)^{2} + \left(\frac{\partial v}{\partial y}\right)^{2}} \tag{7-25}$$

式中，D_{h} 为水平扩散系数；Ω^{m} 为动量控制单元的面积；x、y 为笛卡儿坐标；u、v 分别为 x、y 方向上的速度分量；C_{m} 为常数，模型取值在 0～0.2 之间，默认取值为 0.2。

5.2.2　定常值

定常值参考范围见 MIKE 部分。

5.3　垂向扩散系数

在一个不流动的环境中，若某组分在空间各位置上的浓度不同，则该组分的分子可从浓度高的位置扩散到浓度低的位置，单位面积扩散速率与浓度梯度成正比，这个比例常数称为分子扩散系数，沿垂直方向的分子扩散强度即垂向扩散系数。

5.3.1　模型在线计算

垂向扩散系数计算公式如下：

$$D_{\mathrm{v}} = \frac{\upsilon_{\mathrm{t}}}{\sigma_{\mathrm{t}}} \tag{7-26}$$

式中，D_{v} 为垂向扩散系数；σ_{t} 为紊动普朗特数，默认值是 1.0；υ_{t} 为垂向涡黏系数。

5.3.2　定常值

定常值参考范围见 MIKE 部分。

5.4　水平涡黏系数

水平涡黏系数的计算公式基于水平湍流正应力和流场的联系构建，实际计算中可采用模型在线计算，特殊情况下可采用定常值。

5.4.1　模型在线计算

水平涡黏系数计算公式如下：

$$\upsilon_{\mathrm{h}} = \frac{0.5C_{\mathrm{m}}\Omega^{\mathrm{t}}}{\sigma_{\mathrm{t}}}\sqrt{\left(\frac{\partial u}{\partial x}\right)^{2} + 0.5\left(\frac{\partial v}{\partial x} + \frac{\partial u}{\partial y}\right)^{2} + \left(\frac{\partial v}{\partial y}\right)^{2}} \tag{7-27}$$

式中，C_m 为常数；Ω^t 为示踪控制单元的面积；σ_t 为紊动普朗特数，默认值是 1.0；u、v 分别为 x、y 方向上的速度分量。

5.4.2 定常值

定常值参考范围见 MIKE 部分。

5.5 垂向涡黏系数

垂向涡黏系数的计算公式基于垂向湍流正应力和流场的联系构建，实际计算中可采用模型在线计算，特殊情况下可采用定常值。

5.5.1 模型在线计算

模型中有两种垂向涡黏系数计算公式，分别由 MY-2.5 湍流模型和垂向背景紊动系数（UMOL）指定，浓海水计算中推荐采用前者。

MY-2.5 湍流模型计算公式如下：

$$
\begin{aligned}
&\upsilon_t = lqS_m \\
&S_m = \frac{0.4275 - 3.354G_h}{(1 - 34.676G_h)(1 - 6.127G_h)} \\
&G_h = \frac{l^2 g}{q^2 \rho_0} \frac{\partial \rho}{\partial z}
\end{aligned}
\tag{7-28}
$$

式中，υ_t 为垂向涡黏系数；l 为紊动特征长度；q^2 为紊动动能；S_m 为稳定函数；g 为重力加速度；ρ_0 为参考密度；ρ 为海水密度。

UMOL 指定计算公式如下：

$$
\upsilon_t \Leftarrow \upsilon_t + \text{UMOL}
\tag{7-29}
$$

式中，UMOL 为垂向背景紊动系数，取值为 $10^{-5} \sim 10^{-3}\,\text{m}^2/\text{s}$。

5.5.2 定常值

参考结果见 MIKE 部分。

6　Delft 3D

Delft 3D 模型是由 Delft 研究开发的一套功能强大的模型，可应用于湖泊、河

流、河口和沿海地区数值模拟。该模型由七个主要模块组成，分别为水动力模块
（FLOW）、波浪模块（WAVE）、水质模块（WAQ）、生态模块（ECO）、颗粒跟踪模
块（PART）、动力地貌模块（MOR）、泥沙输运模块（SED），各模块可以互相耦合。
Delft 3D-FLOW 模型基于纳维-斯托克斯方程，数值求解采用交替隐式算法
（alternating direction implicit method, ADI）。模型在水平方向采用正交曲线网格或
矩形网格，在垂向上可采用 δ 坐标或 Z 坐标分层的三维模式或者水深平均的二维
模式。

6.1 底摩阻系数

底摩阻是潮波能量耗散的主要因素，对潮波的振幅和相位分布有极其重要的
影响，其强度用底摩阻系数表征，其数值大小在潮周期运动中随时间而变化。

6.1.1　二维模型

曼宁公式：

$$C_{2D} = \frac{H^{1/6}}{n} \tag{7-30}$$

式中，C_{2D} 为二维模型中采用的谢才系数；H 为水深，m；n 为糙率，$m^{-1/3}/s$。

White-Colebrook 公式：

$$C_{2D} = 18 \lg\left(\frac{12H}{K_s}\right) \tag{7-31}$$

式中，K_s 为尼古拉兹粗糙长度，m。

Delft 3D 模型糙率 n 取值范围为 0～0.04，默认取值为 0.02。White-Colebrook
公式中的 C_{2D} 取值范围为 0～10.0m。

6.1.2　三维模型

底摩阻系数计算公式为

$$
\begin{aligned}
C_{3D} &= \frac{\sqrt{g}}{k} \ln\left(1 + \frac{\Delta z_b}{2z_0}\right) \\
z_0 &= \frac{K_s}{30}
\end{aligned}
\tag{7-32}
$$

式中，C_{3D} 为三维模型中采用的谢才系数；g 为重力加速度，m^2/s；k 为湍流动能，

m^2/s；Δz_b 为垫层厚度，m；z_0 为海床粗糙高度，m，取值范围为 0～1.0m；K_s 为尼古拉兹粗糙长度，m，取值范围为 0.01～0.15m，具体取值时可主要考虑海底底质类型，底质越粗取值越大。

6.2 水平扩散系数

在一个不流动的环境中，若某组分在空间各位置上的浓度不同，则该组分的分子可从浓度高的位置扩散到浓度低的位置，单位面积扩散速率与浓度梯度成正比，这个比例常数称为分子扩散系数，沿水平方向的分子扩散强度即为水平扩散系数。水平扩散系数计算公式：

$$D_h = D_{SGS} + D_v + D_h^{back} \tag{7-33}$$

式中，D_{SGS} 为亚网格涡流扩散系数，m^2/s；D_v 为垂向扩散系数，m^2/s；D_h^{back} 为背景扩散系数，m^2/s。

亚网格涡黏扩散率 D_{SGS} 计算如下：

$$D_{SGS} = \frac{\upsilon_{SGS}}{\sigma_t} \tag{7-34}$$

式中，υ_{SGS} 为亚网格水平涡黏系数，m^2/s；σ_t 为紊动普朗特数，默认值为 0.7。

亚网格水平涡黏系数 υ_{SGS} 可由式 (7-35) 求解：

$$
\begin{aligned}
&\upsilon_{SGS} = \frac{1}{k_s^2}\left(\sqrt{\left(\gamma \sigma TS^*\right)^2 + B^2} - B \right) \\
&B = \frac{3g\left|\overline{U}\right|}{4HC^2} \\
&\left(S^*\right)^2 = 2\left(\frac{\partial u^*}{\partial x}\right)^2 + 2\left(\frac{\partial v^*}{\partial y}\right)^2 + \left(\frac{\partial u^*}{\partial y}\right)^2 + \left(\frac{\partial v^*}{\partial x}\right)^2 + 2\frac{\partial u^*}{\partial y}\frac{\partial v^*}{\partial x} \\
&k_s = \frac{\pi f_{lp}}{\Delta}, \quad f_{lp} \leqslant 1
\end{aligned}
\tag{7-35}
$$

对于各向异性网格，建议考虑单元面积，即 $\dfrac{1}{k_s^2} = \dfrac{\Delta x \Delta y}{(\pi f_{lp})^2}$

$$\gamma = I_\infty \sqrt{\frac{1 - \alpha^{-2}}{2n_D}} \tag{7-36}$$

式 (7-35) 和式 (7-36) 中，C 为谢才系数；H 为水深，m；σ 为斯特藩-玻尔兹曼常数；γ 为水容重；T 为海水温度；$|\vec{U}|$ 为流速向量的模；上标*的含义为波动流量变量；S^* 为应变速率；k_s 为截断波长的波数量级；f_{lp} 为空间低通滤波器系数，取值范围为 0.2～1.0，推荐值为 0.3；I_∞ 取值为 0.844；n_D 为维数 (值为 2 或 3)；α 为对数谱斜率，取值 5/3；Δ 为最短可分辨波长的一半。

水平扩散系数与流速、网格尺度有关，网格尺度在百米以下，取值范围为 1～10m^2/s，网格尺度在百米及以上，在 10～100m^2/s 内取值；背景水平扩散系数取值与水深、流速关联，取值在 0.01～70m^2/s 之间，默认值为 10m^2/s。

6.3　垂向扩散系数

在一个不流动的环境中，若某组分在空间各位置上的浓度不同，则该组分的分子可从浓度高的位置扩散到浓度低的位置，单位面积扩散速率与浓度梯度成正比，这个比例常数称为分子扩散系数，沿垂直方向的分子扩散强度即垂向扩散系数。垂向扩散系数计算公式：

$$D_v = \frac{\upsilon_{mol}}{\sigma_{mol}} + \max(D_{3D}, D_v^{back})$$

$$D_{3D} = \frac{\upsilon_{3D}}{\sigma_c}$$

$$\sigma_c = \sigma_t F_\sigma(Ri)$$

$$F_\sigma(Ri) = \begin{cases} \dfrac{(1+3.33Ri)^{1.5}}{\sqrt{1+10Ri}}, & Ri \geqslant 0 \\ 1, & Ri < 0 \end{cases} \tag{7-37}$$

式中，υ_{mol} 为水的运动黏度系数；υ_{3D} 为垂直方向的涡流黏度；σ_{mol} 为热扩散 (分子) 普朗特数；σ_c 为普朗特-施密特数；σ_t 为紊动普朗特数，默认取值为 0.7；Ri 为理查森数。

6.4　水平涡黏系数

水平涡黏系数的计算公式基于水平湍流正应力和流场的联系构建，实际计算中可采用模型在线计算。水平涡黏系数计算公式：

$$\upsilon_h = \upsilon_{SGS} + \upsilon_v + \upsilon_h^{back} \tag{7-38}$$

式中，υ_{SGS} 为亚网格水平涡黏系数，m^2/s，计算公式见 6.2 节；υ_h^{back} 为背景水平

涡黏系数，m^2/s，取值范围为 $0 \sim 100 m^2/s$，默认值为 $1 m^2/s$。

水平涡黏系数与流速和网格尺度有关。网格尺度在百米以下，取值范围为 $1 \sim 10 m^2/s$；网格尺度在百米及以上，取值范围为 $10 \sim 100 m^2/s$。

6.5 垂向涡黏系数

垂向涡黏系数的计算公式基于垂向湍流正应力和流场的联系构建，实际计算中可采用模型在线计算。

(1)垂向涡黏系数计算公式：

$$\begin{aligned} \upsilon_v &= \upsilon_{mol} + \max(\upsilon_{3D}, \upsilon_v^{back}) \\ \upsilon_{3D} &= c_\mu' L \sqrt{k} \end{aligned} \tag{7-39}$$

式中，υ_v^{back} 为背景垂向涡黏系数，m^2/s；k 为紊动动能，J；L 为混合长度；c_μ' 为常数，$c_\mu' = 0.5477$。

(2)k-ε 模型采用以下公式计算：

$$c_\mu' = 0.5477 \tag{7-40}$$

$$\begin{aligned} \upsilon_{3D} &= c_\mu' L \sqrt{k} = c_\mu \frac{k^2}{\varepsilon} \\ c_\mu &= c_D c_\mu' \end{aligned} \tag{7-41}$$

式中，c_D 是常数，c_D 取值为 0.1925。

紊动动能 k 和紊动动能耗散率 ε 可由下列方程求解：

$$\frac{\partial k}{\partial t} + \frac{u}{\sqrt{G_{\xi\xi}}} \frac{\partial k}{\partial \xi} + \frac{v}{\sqrt{G_{\eta\eta}}} \frac{\partial k}{\partial \eta} + \frac{\omega}{d+\zeta} \frac{\partial k}{\partial \sigma} = \frac{1}{(d+\zeta)^2} \frac{\partial}{\partial \sigma} \left(D_k \frac{\partial k}{\partial \sigma} \right) + P_k + P_{k\omega} + B_k - \varepsilon$$

$$\frac{\partial \varepsilon}{\partial t} + \frac{u}{\sqrt{G_{\xi\xi}}} \frac{\partial \varepsilon}{\partial \xi} + \frac{v}{\sqrt{G_{\eta\eta}}} \frac{\partial \varepsilon}{\partial \eta} + \frac{\omega}{d+\zeta} \frac{\partial \varepsilon}{\partial \sigma} = \frac{\partial \varepsilon}{\partial t} + \frac{u}{\sqrt{G_{\xi\xi}}} \frac{\partial \varepsilon}{\partial \xi} + \frac{v}{\sqrt{G_{\eta\eta}}} \frac{\partial \varepsilon}{\partial \eta} + \frac{\omega}{d+\zeta} \frac{\partial \varepsilon}{\partial \sigma} =$$

$$\frac{1}{(d+\zeta)^2} \frac{\partial}{\partial \sigma} \left(D_\varepsilon \frac{\partial \varepsilon}{\partial \sigma} \right) + P_\varepsilon + P_{\varepsilon\omega} + B_\varepsilon - c_{2\varepsilon} \frac{\varepsilon^2}{k}$$

$$D_k = \frac{\upsilon_{mol}}{\sigma_{mol}} + \frac{v_{3D}}{\sigma_k}; \quad D_\varepsilon = \frac{v_{3D}}{\sigma_\varepsilon}; \quad P_\varepsilon = c_{1\varepsilon} \frac{\varepsilon}{k} P_k$$

$$\tag{7-42}$$

式中，σ 为斯特藩-玻尔兹曼常数；d 为基准面水平面以下深度；$\sqrt{G_{\xi\xi}}$ 和 $\sqrt{G_{\eta\eta}}$ 分

别为用于将 x 和 y 方向曲线坐标转换为直角坐标的系数；ξ、η 为水平曲线坐标；ζ 为基准面水平面以上的水位；P_k、$P_{k\omega}$ 为湍流动能输运方程中的产生项；P_{ε}、$P_{\varepsilon\omega}$ 为湍流动能耗散方程中的产生项；σ_{mol} 为分子混合普朗特数(盐度为 700psu，温度为 6.7℃)；σ_k 为湍流动能下的普朗特数；σ_{ε} 为能量耗散下的普朗特数；B_k 为湍流动能输运方程中的浮力通量；B_{ε} 为湍流动能耗散方程中的浮力通量；$c_{1\varepsilon}=1.44$，$c_{2\varepsilon}=1.92$。

在紊动动能的产生项 P_k 中，忽略了水平速度的水平梯度和垂直速度的所有梯度，按照下列公式计算：

$$P_k = \upsilon_{3D} \frac{1}{(d+\zeta)^2}\left[\left(\frac{\partial u}{\partial \sigma}\right)^2 + \left(\frac{\partial v}{\partial \sigma}\right)^2\right]$$

$$B_{\varepsilon} = c_{1\varepsilon}\frac{\varepsilon}{k}(1-c_{3\varepsilon})B_k \tag{7-43}$$

$$B_k = \frac{\upsilon_{3D}}{\rho\sigma_{\rho}}\frac{g}{H}\frac{\partial \rho}{\partial \sigma}$$

式中，B_k 为浮力通量；密度的普朗特-施密特数 $\sigma_{\rho}=0.7$；不稳定分层时，$c_{3\varepsilon}$ 取 0，稳定分层时，$c_{3\varepsilon}$ 取 1。

其中，海表和海底紊动动能及其耗散率不同。海底紊动动能及其耗散率受底摩阻力影响，计算公式如下：

$$\varepsilon|_{\sigma=-1} = \frac{u_{*b}^3}{kz_0}$$

$$k|_{\sigma=-1} = \frac{u_{*b}^2}{\sqrt{c_{\mu}}} \tag{7-44}$$

式中，u_{*b} 为底摩阻流速。

海表紊动动能及其耗散率受风应力影响，计算公式如下：

$$\varepsilon|_{\sigma=0} = \frac{1}{2}\frac{u_{*s}^3}{kz_s}$$

$$k|_{\sigma=0} = \frac{u_{*s}^2}{\sqrt{c_{\mu}}} \tag{7-45}$$

式中，u_{*s} 为海表摩擦速度。

7 TELEMAC

TELEMAC 全称是 TELEMAC-MASCARET，是一款用于水动力学和水文学领域研究的高性能数值仿真开源软件。最初是由法国电力集团所属的法国国立水利与环境实验室开发的 MASCARET 和 TELEMAC，后整合为 TELEMAC-MASCARET，并由法英德三国六个研究团队进行开发与维护。TELEMAC-MASCARET 基于有限元法，使用不规则三角网格，可更精确地描绘复杂的海岸带和河口地形。该软件可以构建一维、二维和三维水动力学模型，以解决波浪传播、水质污染、地表水文、泥沙迁移等问题。

7.1 底摩阻系数

TELEMAC 模型中的底摩阻系数可选择 Haaland 公式、Chézy（谢才）公式、Strickler 公式和 Manning（曼宁）公式计算，其中谢才公式为系统默认公式。

（1）Haaland 公式：

$$c_\mathrm{f} = \cfrac{1}{4\left\{0.6\ln\left[\left(\cfrac{6.9v}{4h\sqrt{u^2+v^2}}\right)^3 + \cfrac{k_\mathrm{s}}{14.8h}\right]\right\}^2} \tag{7-46}$$

式中，c_f 为底摩阻系数；h 为水深，m；u 和 v 分别为 x、y 方向上的水平流速分量，m/s；k_s 为尼古拉兹底部粗糙高度，m，取值范围为 $0.01\sim0.15$m，取值主要考虑海底底质类型，底质越粗取值越大。

（2）谢才公式：

$$c_\mathrm{f} = \frac{2g}{C^2} \tag{7-47}$$

式中，C 为谢才系数，取值主要考虑海底底质类型，底质越粗取值越小。谢才系数 C 基于下式计算：

$$C = 7.83\ln\left(12\frac{h}{k_\mathrm{s}}\right) \tag{7-48}$$

（3）Strickler 公式：

$$c_\mathrm{f} = \frac{2g}{h^{1/3}S^2} \qquad (7\text{-}49)$$

式中，S 为 Strickler 系数，一般取值范围为 25～40。

（4）曼宁公式：

$$c_\mathrm{f} = \frac{2gM^2}{h^{1/3}} \qquad (7\text{-}50)$$

式中，M 为曼宁系数，一般取值范围为 0.025～0.04。

以上计算底摩阻系数的公式中，谢才公式是 TELEMAC 模型的默认公式，计算主要考虑了水深和底质的影响，Haaland 公式则进一步考虑了流速的影响。Strickler 公式和曼宁公式与谢才公式的形式类似，由于 Strickler 系数和曼宁系数互为倒数，因此 Strickler 公式和曼宁公式实际等价。在相同工况参数的情况下，Haaland 公式的计算结果相对谢才公式的计算结果更加保守。

7.2 涡黏系数

TELEMAC 模型中，水平涡黏系数和垂向涡黏系数通过以下几种方式设置。

1. 定常值

将计算域内的水平涡黏系数和垂向涡黏系数直接设置为常数。

$$\begin{aligned} \upsilon_\mathrm{h} &= \upsilon_\mathrm{h0} \\ \upsilon_\mathrm{t} &= \upsilon_\mathrm{t0} \end{aligned} \qquad (7\text{-}51)$$

式中，υ_h 为水平涡黏系数；υ_h0 为水平涡黏系数的常数值；υ_t 为垂向涡黏系数；υ_t0 为垂向涡黏系数的常数值。

通常来说，涡黏系数会随时间和空间变化，将其取为常数与实际情况不符，因此只有在保守计算时，才可将涡黏系数设置为常数，例如计算排水口近区浓海水的影响。

2. 混合长模型

对于垂向涡黏系数，可采用混合长模型（Prandtl 模型）计算。

$$\begin{aligned} \upsilon_\mathrm{t} &= f(Ri)L_\mathrm{m}^2\sqrt{2D_{ij}D_{ij}} \\ D_{ij} &= \frac{1}{2}\left(\frac{\partial \bar{U}_i}{\partial x_j} + \frac{\partial \bar{U}_j}{\partial x_i}\right) \end{aligned} \qquad (7\text{-}52)$$

$$L_{\mathrm{m}} = \kappa z \sqrt{1 - \frac{z}{h}}$$

式中，$\bar{U}_i$ 和 $\bar{U}_j$ 为平均速度的水平分量；x_i 和 x_j 为水平空间分量；D_{ij} 为平均运动应变速率张量（形变率）；L_{m} 为特征长度，m，与网格尺寸相关；z 为垂向空间坐标，m；h 为水深，m；κ 为卡门常数，一般取值 0.41；$f(Ri)$ 为耗散方程（damping function），表征水体层化（stratification）对湍流混合的抑制作用；Ri 为理查森数（无量纲）。Ri 的表达式为

$$Ri = -\frac{g}{\rho} \frac{\dfrac{\partial \rho}{\partial z}}{\left(\dfrac{\partial u}{\partial z}\right)^2 + \left(\dfrac{\partial v}{\partial z}\right)^2} \tag{7-53}$$

混合长模型考虑了流速、水深和水体稳定性（stability）对涡黏系数的影响，该模型广泛应用于近海水体的计算。值得注意的是，对于垂向密度变化较大的水体，例如河口区域由盐度梯度引起的垂向密度层化，或近海区域由温度梯度引起的垂向密度层化，混合长模型可通过理查森数适当反映密度层化对涡黏系数的影响。

3. Smagorinsky 模型

Smagorinsky 模型是基于混合长模型发展的湍流模型，其计算公式如下：

$$\upsilon_{\mathrm{t}} = C_{\mathrm{s}}^2 L_{\mathrm{m}}^2 \sqrt{2 D_{ij} D_{ij}} \tag{7-54}$$

式中，C_{s} 为 Smagorinsky 常数，一般取值 0.28。

4. k-ε 模型

TELEMAC 采用标准 k-ε 二方程湍流模型计算水平和垂向涡黏系数：

$$\begin{aligned}
\frac{\partial k}{\partial t} + \vec{u} \cdot \vec{\nabla}(k) &= \frac{1}{h} \mathrm{div}\left(h \frac{\upsilon_{\mathrm{t}}}{\sigma_k} \vec{\nabla} k\right) + P - \varepsilon + P_{kv} \\
\frac{\partial \varepsilon}{\partial t} + \vec{u} \cdot \vec{\nabla}(\varepsilon) &= \frac{1}{h} \mathrm{div}\left(h \frac{\upsilon_{\mathrm{t}}}{\sigma_\varepsilon} \vec{\nabla} \varepsilon\right) + \frac{\varepsilon}{k}(c_{1\varepsilon} P - c_{2\varepsilon} \varepsilon) + P_{\varepsilon v}
\end{aligned} \tag{7-55}$$

式中，k 为湍动能；ε 为湍动能耗散率；σ_k、σ_ε、$c_{1\varepsilon}$ 和 $c_{2\varepsilon}$ 均为系数，一般分别取值为 1.0、1.3、1.44 和 1.92。

P 为湍流生成率，计算公式如下：

$$P = \upsilon_{\mathrm{t}} \left(\frac{\partial u_i}{\partial x_j} + \frac{\partial u_j}{\partial x_i}\right) \frac{\partial u_i}{\partial x_j} \tag{7-56}$$

P_{kv} 和 $P_{\varepsilon v}$ 计算公式如下：

$$P_{kv} = C_k \frac{u_*^3}{h} \tag{7-57}$$

$$P_{\varepsilon v} = C_\varepsilon \frac{u_*^4}{h^2}$$

式中，C_k 和 C_ε 均为系数；u_* 为摩阻流速。

7.3　扩散系数

扩散系数可分为水平扩散系数和垂直扩散系数，一般采用与涡黏系数关联的形式计算：

$$D = \frac{\upsilon}{\sigma_t} \tag{7-58}$$

式中，D 为扩散系数；υ 为涡黏系数；σ_t 为紊动普朗特数，一般取值为 0.7～1.0。

第8部分　物理模型试验

1　范　围

本部分规定了海水淡化浓海水入海物理模型试验的流程、方法、验证、成果分析等要求。

本部分适用于海水淡化工程浓海水入海后在受纳海域的输移扩散物理模型试验模拟预测。

2　规范性引用文件

以下为本部分规范引用的文件。

GB/T 12763.2—2007　海洋调查规范 第2部分：海洋水文观测

GB/T 15920—2010　海洋学术语 物理海洋学

GB/T 19485—2014　海洋工程环境影响评价技术导则

HY/T 203.2—2016　海水利用术语 第2部分：海水淡化技术

JTS/T 231—2021　水运工程模拟试验技术规范

HY/T 0289—2020　海水淡化浓盐水排放要求

SL 155—2012　水工(常规)模型试验规程

3　术语和定义

3.1 **物理模型试验(physical model experiment)**

将研究对象按满足一定相似条件或相似准则缩制而成的模型(又称实体模型)，模拟自然界的物质移动和变化规律。

3.2 **边界条件(boundary condition)**

模拟区域边界处水动力、盐度的输入、输出控制条件。

3.3　正态模型（undistorted model）

模型水平比尺和垂直比尺按同一比尺制作的模型。

3.4　变态模型（distorted model）

模型的水平与垂直比尺采用不同比例制作的模型。

3.5　模型变率（model deformation）

模型水平比尺与垂直比尺之比值。

3.6　几何相似（geometric similarity）

模型与原型保持几何形状和几何尺寸的相似，即原型和模型的任何一个线性尺度之间保持相同的比例关系。

3.7　重力相似（gravity similarity）

原型与物理模型水流的惯性力与重力的比值相等，又称为弗劳德（Froude）相似。

3.8　阻力相似（resistance similarity）

原型与物理模型水流的惯性力与阻力的比值相等，又称为雷诺（Reynolds）相似。

3.9　运动相似（kinematic similarity）

两个几何相似体系的液流中，相应质点运动轨迹几何相似，而且质点流过相应线段所需的时间保持相同的比例关系，即流速场的几何相似[123-125]。

4　一 般 规 定

4.1　仪器设备

（1）实验室含盐量测定计（实验室盐度计），精度 0.005psu，数量应根据实验需求，尽可能覆盖浓海水排放影响区域；现场含盐量测定计（现场盐度计），精度

0.02psu。

(2)试验用的潮汐模拟系统,可根据试验要求选购或自行设计制造,应满足试验流场模拟参数精度要求,潮汐模拟系统流量控制精度要求为10%。

(3)试验应包括以下主要专用测量设备。

①流量测试仪、流速测试仪、潮位仪、流向仪,数量可根据本部分第6章确定,也可由试验需求确定。

②若考虑浓海水的扩散范围及运动路径,可使用示踪红色染剂。

③若考虑泥沙对浓海水扩散的影响,可配备含沙量测量仪。

(4)试验工作开始前应对所有检测仪器、设备进行检查、校核,验证合格后方可使用;试验测量仪器仪表应满足试验所要求的测量范围和精度等技术指标要求。

4.2 质量控制

按本书第1篇第1部分的要求执行。

4.3 工作成果

物理模型试验中主要工作成果包括以下内容。

(1)各种条件下浓海水的扩散范围、盐度超过背景盐度110%的水域面积及其等盐线。

(2)各种条件下的水位及流速,并绘制流态图。

(3)各种条件下各测点盐度及表层水体盐度、垂向盐度分布。

(4)试验过程中表征试验环境条件的气温、湿度等。

具体按本书第1篇第1部分的要求执行。

4.4 资料和成果归档

具体按本书第1篇第1部分的要求执行。

5 流　　程

浓海水入海物理模型试验流程包括资料收集、模型设计、模型制作、模型试验和成果分析五部分,如图8-1所示。

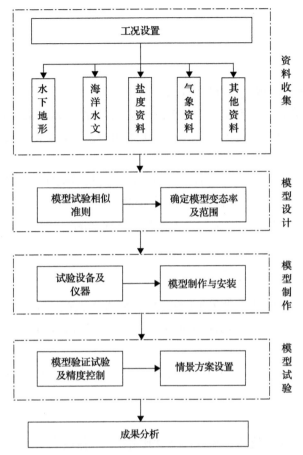

图 8-1　浓海水入海扩散物理模型试验技术路线图

6　资 料 收 集

6.1　地形

（1）岸滩地形：岸线矢量数据、潮间带宽度和坡度数据、沉积物物质组成。岸滩地形可根据工程水域水下自然地形条件、研究问题需求等，采用适当比尺的测图、海图或航道图等，一般宜不小于 1 : 25000。

（2）海底地形地貌应涵盖本书第 1 篇第 1 部分规定的监测预测范围。浓海水工程附近水域以及其他需重点关注的水域水下地形图比例应不小于 1 : 2000。

6.2 海洋水文

6.2.1 潮位

海域水位测站的布置、资料内容等：

(1)工程海域应设置不少于 7 个潮位测站，其中浓海水排放工程附近水域至少 1 个测站布设，两侧岸边每侧应至少布设 1 个测站，离工程较远水域宜设等间距 4 个潮位测站。

(2)工程海域连续 1 个月的潮位资料以获取潮差累积频率分别为 10%、50%和 90%的代表性大潮、代表性中潮和代表性小潮。

(3)应采用统一的基准面，给出水位测量断面或潮位测站的位置坐标，并在水下地形图上标注。

6.2.2 流速、流向和流量

(1)流速测站的布置不少于 10 个，其中物理模型范围内至少 6 个，物理模型范围外至少 4 个，其中工程附近水域至少 2 个、工程区域两侧每侧至少 2 个以及远水区域至少 4 个。

(2)测量内容包括与 6.2.1 节同步实测连续 1 个月的流速、流向及流量资料。

6.3 盐度资料

(1)盐度测站应与流速、流向和流量测站相同，盐度资料应与流速、流向和流量数据同步采集，连续监测时间不少于 1 个月。

(2)应有浓海水排水口处的盐度监测数据。

6.4 气象资料

工程区域典型季节(平均盐度最大、最小季节)的主风向及月均风速等。

6.5 其他资料

(1)工程附近已有海水淡化工程及运行情况、空间规划、海洋生态敏感区、水产育苗场等资料。

(2)根据实验需求，收集工程海域及其周边的波浪、温度和泥沙等实测资料。

7 模型设计

7.1 模型试验相似准则

(1)浓海水物理模型应满足几何相似、重力相似和阻力相似条件，比尺按以下公式计算。

几何相似：

$$\lambda_l = \frac{l_p}{l_m} \qquad (8\text{-}1)$$

$$\lambda_h = \frac{h_p}{h_m} \qquad (8\text{-}2)$$

水流连续性相似：

$$\lambda_t = \frac{\lambda_l}{\lambda_h^{1/2}} \qquad (8\text{-}3)$$

重力相似：

$$\lambda_V = \lambda_h^{1/2} \qquad (8\text{-}4)$$

阻力相似：

$$\lambda_n = \frac{\lambda_h^{2/3}}{\lambda_l^{1/2}} \text{ 或 } \lambda_n = \frac{\lambda_h^{7/6}}{\lambda_V \lambda_l^{1/2}} \qquad (8\text{-}5)$$

径流流量比尺：

$$\lambda_Q = \lambda_l \lambda_h^{3/2} \qquad (8\text{-}6)$$

潮量比尺：

$$\lambda_W = \lambda_l^2 \lambda_h \qquad (8\text{-}7)$$

浓海水流量比尺：

$$\lambda_{TQ} = \lambda_l \lambda_h^{3/2} \qquad (8\text{-}8)$$

浓海水流速比尺：

$$\lambda_{\mathrm{TV}} = \lambda_{\mathrm{h}}^{1/2} \tag{8-9}$$

式(8-1)～式(8-9)中，λ_l 为平面比尺；l_{p} 为原型长度，m；l_{m} 为模型长度，m；λ_{h} 为垂直比尺；h_{p} 为原型水深，m；h_{m} 为模型水深，m；λ_{V} 为流速比尺；λ_{n} 为糙率比尺；λ_t 为水流时间比尺；λ_{Q} 为径流流量比尺；λ_{W} 为潮量比尺；λ_{TQ} 为水流量比尺；λ_{TV} 为水流速比尺。

(2)除满足上述相似条件外，模型还应满足水流运动相似、动力相似、热力相似和边界条件相似。比尺按以下公式计算(下标 r 表示原型与模型比值)。

$$(Eu)_{\mathrm{r}} = (Fr)_{\mathrm{r}} = \left(Fa\right)_{\mathrm{r}} = (Re)_{\mathrm{r}} = (\Delta S)_{\mathrm{r}} = 1 \tag{8-10}$$

式中，Eu 为欧拉数，即压力与惯性力之比；Fr 为弗劳德数，即重力与惯性力之比；Fa 为密度弗劳德数，即浮力与惯性力之比；Re 为雷诺数，即黏滞力与惯性力之比；ΔS 为盐度与背景盐度之差。

(3)模型试验重要的相似准数为弗劳德数(重力相似，Fr)、雷诺数(阻力相似，Re)和密度弗劳德数(浮力相似，Fa)。当上述相似准数不能同时满足时，应根据试验的主要目的，分析影响试验成果的主要因素，舍弃或松弛一些次要的相似准数，以满足重要相似准数。

(4)模型雷诺数应大于临界雷诺数，模型最小水深宜大于 3cm。

7.2 模型设计

7.2.1 模型变态率

(1)试验重点是排水口附近的出流流态、局部掺混及与之相应的盐度场，宜采用几何正态模型。重点模拟区域的最小水深宜大于 3cm。

(2)其他模型变态率不宜大于 7。

7.2.2 模型范围

根据试验目的，结合水流、地形条件工程建筑物对水域流场影响范围以及浓海水对受纳水体可能的影响区范围等确定，应符合以下要求。

(1)满足浓海水扩散效应的模拟要求。

(2)如邻近海域有其他海水淡化工程，应包括其排放位置和浓海水影响范围。

(3)模型范围应覆盖数值模拟预测的 0.5psu 盐升线。

(4)预测范围内有岸滩分布时，应按照模型试验相似准则分别确定岸线位置、

0m 等深线位置和岸滩范围。

(5)当试验段有建筑物时,岸滩范围的宽度和长度宜大于 3 倍建筑物的凸出部分长度。

(6)浓海水受纳水域及其附近有河流径流注入时,模型范围应包含河口所在海域。

7.2.3　其他规定

SL 155—2012　水工(常规)模型试验规程。

8　模　型　制　作

8.1　模型试验设备

(1)浓海水模型试验,除有特殊模拟要求外,应在室内进行,且室内气象条件要保持相对稳定。

(2)实验室盐度计精度为 0.005psu,数量应根据试验需求尽可能覆盖浓海水影响区域。

(3)试验用的潮汐模拟系统,可根据试验要求选购或自行设计制造。生潮系统应符合下列规定。

①应根据试验场地固定设备状况、模型边界条件与布置要求,选择采用一种或多种形式组合的生潮系统;生潮能力应满足模型中涨落潮最大流速变化和最大潮流量的要求。

②有双边或多边界生潮时,模型应设置水量循环调配系统;供水系统供水流量,应大于模型生潮流量,并设置适当的集水系统。

③生潮系统应配置相应的生潮设备、潮水箱或水库;模型生潮系统应采用计算机自动控制;生潮设备的生潮能力、潮水箱或水库的贮水量可分别按下列公式估算:

$$Q_{\mathrm{m}} > (V_{\max})_{\mathrm{m}} \times (h_{\max})_{\mathrm{m}} \times B_{\mathrm{m}} + Q_0 \tag{8-11}$$

$$W > B_{\mathrm{m}} \times l_{\mathrm{m}} \times \left[(h_{\max})_{\mathrm{m}} - (h_{\min})_{\mathrm{m}} \right] + W_0 \tag{8-12}$$

式中, Q_{m} 为模型中流量, $\mathrm{m^3/s}$; $(V_{\max})_{\mathrm{m}}$ 为模型中最大流速, $\mathrm{m/s}$; $(h_{\max})_{\mathrm{m}}$ 为模型中最大水深, m ; $(h_{\min})_{\mathrm{m}}$ 为最小水深, m ; B_{m} 为模型过水断面宽度, m ; Q_0 为使生潮尾门或潮水箱阀门处于正常状态而需要的富裕泄水量, $\mathrm{m^3}$; W 为潮水箱或水

库的贮水量，m^3；l_m 为模型长度，m；W_0 为潮水箱或水库与供水、回水系统容积的富裕量，m^3[126-131]。

8.2 模型检测仪器

(1)试验应包括以下主要专用测量设备。

①流量测试仪器、流速测试仪器、潮位测量仪、流向仪，这些仪器应根据原型潮位、潮流站观测位置进行设置，试验测量仪器仪表的技术指标应满足测试要求。

②实验室盐度计，精度 0.005psu。

③海域模型试验水位跟踪测架的响应时间应与潮位变化相匹配。

(2)考虑浓海水的扩散范围及运动路径，可使用示踪红色染剂。

(3)若涉及泥沙问题，需使用含沙量测量仪，且满足泥沙相似准则。

(4)试验工作开始前应对所有检测仪器、设备进行检查、校核，验证合格后方可使用。试验测量仪器仪表应满足试验所要求的测量范围和精度等技术指标要求。

8.3 模型制作与安装

物理模型的制作应满足以下要求：

(1)应绘制模型总体布置图、结构物制模图、测点布置图，并提出制模加工及安装要求。

(2)模型材料可选用木材、水泥、有机玻璃、塑料和金属材料等。

(3)模型制作与安装时，应进行必要的结构稳定和强度校核。

(4)模型安装应用经纬仪、水准仪或全站仪等控制，并应满足以下精度控制要求。

①地形制作高程控制设置一个或多个水准点，多个水准点的高程允许偏差为 ±0.5mm。

②模型地形和模型中各工程的高程允许偏差为 ±1.0mm。

③模型地形的平面位置允许偏差为 ±10mm。

(5)模型地形控制间距宜采用 1.0m，当地形变化剧烈、坡度较大时控制间距宜采用 0.5 m，取排水工程附近区域应适当加密。

(6)模型制作安装完成后，应进行检验与校核。

(7)模型本身及一般量测仪器的安装与常规水工模型相同,具体参见《水工(常规)模型试验规程》(SL 155—2012)。

9　模　型　试　验

9.1　模型验证试验及精度控制

9.1.1　模型验证试验

(1)模型生潮控制站应有边界潮汐水位过程或流量过程。当缺乏此类资料时,可采用邻近站位资料推算或用数值模拟计算资料。

(2)模型潮汐时间过程应按水流时间比尺控制,潮位变化应按模型垂直比尺控制。

(3)模型应根据现场观测资料进行验证试验,内容应包括潮位、流速、流向、流路和局部流态。

(4)模型中的水力、盐度参数趋于稳定后,方可正式测量。

(5)模型验证试验必须重复进行 2～3 次,并取有效测次的平均值作为成果。成果应以图、表等形式表示。

9.1.2　模型验证精度要求

1. 验证要素

应依次验证潮位、流速、流向、盐度(或盐升)的模拟预测精度,前一项验证符合其验证指标要求后才能进行下一项的验证。在监测预测范围内,若无浓海水实际排放可不验证盐升。对于扩建和周边海域有其他浓海水影响的海水淡化工程,应同时验证盐度和盐升。用于验证的数据应为现场监测数据。

2. 验证要求

1)站位

站位要求参考本部分第 6 章,测量时间按水流时间比尺缩放。

2)潮位

高低潮时间的相位允许偏差为±0.5h,最高最低潮位值允许偏差为±10cm。

3)流速

憩流时间和最大流速出现的时间允许偏差为±0.5h,流速过程线的形态基本一致;测点涨、落潮时段平均流速允许偏差为±10%;试验水域流速较小时,涨、落急时段平均流速允许偏差为±10%。

4)流向

往复流时测站主流流向允许偏差为±10°,平均流向允许偏差为±10°;旋转流时测站流向允许偏差为±15°。

5) 盐度

试验结果与同站位原观平均盐度允许偏差宜在±0.5psu 以内。

6) 盐升

试验结果与同站位原观平均盐升允许偏差宜在±0.5psu 以内。

9.2 试验工况

应分别模拟预测不同取排水方案典型季节(平均盐度最大、最小季节)、典型潮型(大潮、中潮、小潮)的潮流场、盐度场和盐升场。考虑到连续半月潮持续时间较长,试验室条件气象等客观因素变化对其试验结果影响较大且难以修正,半月潮结果可采用代表性潮型(大潮、中潮、小潮)试验成果的相加方式近似替代。

同一试验工况下,模型盐度场达到稳定后,方可正式量测。

10 成 果 分 析

10.1 专题图件绘制

见本书第 1 篇第 1 部分。

10.2 数据分析

(1)分析模拟预测成果合理性。

(2)统计不同工况不同盐升区面积。

(3)采用代表性潮型(大潮、中潮、小潮)试验成果相加的方式得到不同取排水方案半月潮不同盐升区面积。

(4)分析不同工况潮位、流速、流向、盐度、盐升时空分布和变化规律。

(5)如果取水口可能受盐回归影响,应分析盐升区对取水口附近盐度的影响。

10.3 报告编制要求

10.3.1 一般要求

(1)报告正文主体应包括项目的来源与试验任务、研究目的与内容、研究工作技术路线、基础资料的概述与分析、模型验证、方案试验及其成果的分析、结论等。

(2)物理模型试验应包括模型设计原则、模拟范围、模型比尺和相似性论证、模型制作方法和控制精度、主要设备、仪器的性能和精度等。

10.3.2　结果分析

(1)分析不同工况流场、流速分布、流态特征及其时空变化规律,并绘制成图表。

(2)分析不同工况盐度场、盐升场的分布特性及其变化规律,并绘制成图表。

(3)应重点分析不同工况 3.0psu 及以上盐升区范围、面积和分布特征。

10.3.3　结论和建议

(1)结论观点应明确,建议应有针对性。

(2)应对不同工况试验结果进行对比分析,在综合分析的基础上给出明确的推荐方案。

本部分附录

附录 A　海水淡化工程浓海水入海物理模型试验专题报告大纲

1　前言
    1.1　项目背景
    1.2　工作目的
    1.3　工作依据
    1.4　工作内容
2　工程海域条件
    2.1　自然环境条件
    2.2　开发利用现状和海洋生态敏感目标
3　工程设计方案(工程运营情况)
4　模型设计
    4.1　模型实验相似准则
    4.2　模型变态率
    4.3　模型范围
5　模型制作
    5.1　模型试验装备
    5.2　模型检测仪器
    5.3　模型制作与安装
6　模型试验

附录 B 实用盐度的确定和计算盐度的有关公式

1. 利用实验室盐度计测量海水样品盐度

操作使用方法如下。

(1)利用电极式或感应式实验室盐度计测定水样盐度时,须先行标定,求得温度 T(单位为℃)时标准海水电导比的定标值,然后将定标调节在电导比 R_T 读数各档上。重复调节定位校准各档,使得两次读数在最后一位相差在 3 以内定标结束。测量海水样品时,定位校准各旋钮不再变动。

(2)测量海水样品时,先将海水样品注入电导池中,待启动搅拌器搅拌 1～2min 后测量海水样品的温度。调节 R_T 各档旋钮,使表头指针趋于零,读取 R_T 值。若发现读数可疑,必须重测,直至认为数据合理为止。将测量的海水样品温度及 R_T 值进行记录。

(3)连续观测时,每天至少应用标准海水定标一次。定标和测量时,不得在未搅拌的情形下进行,且电导池内不允许存在气泡和其他漂浮物。

(4)被测海水样品的温度与标准海水的温度相近时方可进行测量。感应式盐度计要求两者相差在 2℃以内;电极式盐度计要求在搅拌器启动 1～2min,待两者温度基本趋于相等。

(5)工作结束后,电导池应用蒸馏水清洗干净。电极式盐度计应在电导池内注满蒸馏水,以保护电极。

2. 实用盐度的确定

实用盐度由 K_{15} 通过式(B.1)确定:

$$s = a_0 + a_1 K_{15}^{1/2} + a_2 K_{15} + a_3 K_{15}^{3/2} + a_4 K_{15}^2 + a_5 K_{15}^{5/2} \tag{B.1}$$

式中,K_{15} 为温度在 15℃时、一个标准大气压下海水样品的电导率与相同温度和压强下质量比为 32.4356×10^{-3} 的氯化钾溶液的电导率的比值;a_0=0.0080;a_1= −0.1692;a_2=25.3851;a_3=14.0941;a_4= −7.0261;a_5=2.7081。

当 K_{15} 精确地等于 1 时，海水样品的实用盐度恰好等于 35.0psu，即 $\sum a_i =$ 35.0000。式(B.1)的适用盐度范围为：2.0psu$\leqslant s \leqslant$42.0psu。

3. 电导率换算为盐度

根据测得的电导率、温度和压强数据，经过处理后，可借助以下实用盐度计算公式(B.2)，将电导率换算为盐度：

$$
\begin{aligned}
s = &\, a_0 + a_1 R_{\mathrm{T}}^{1/2} + a_2 R_{\mathrm{T}} + a_3 R_{\mathrm{T}}^{3/2} + a_4 R_{\mathrm{T}}^2 + a_5 R_{\mathrm{T}}^{5/2} \\
&+ \frac{T-15}{1+K(T-15)} \left(b_0 + b_1 R_{\mathrm{T}}^{1/2} + b_2 R_{\mathrm{T}} + b_3 R_{\mathrm{T}}^{3/2} + b_4 R_{\mathrm{T}}^2 + b_5 R_{\mathrm{T}}^{5/2} \right)
\end{aligned} \tag{B.2}
$$

式中，R_{T} 为被测海水样品与实用盐度为 35.0psu 的标准海水样品，在相同温度和一个标准大气压下电导率的比值；T 为被测海水样品的温度，℃。$b_0 = 0.0005$；$b_1 = -0.0056$；$b_2 = -0.0066$；$b_3 = -0.0375$；$b_4 = 0.0636$；$b_5 = -0.0144$；$K = 0.0162$；a_0、a_1、a_2、a_3、a_4、a_5 的值同式(B.1)。

电导比 R_{T}，可根据现场测得的电导率、温度和压强值，通过式(B.3)计算。

$$
R_{\mathrm{T}} = \frac{R}{R_{\mathrm{p}} r_T} \tag{B.3}
$$

式中，R 为现场测得的电导率与 s=35.0psu、T=15℃、p=0kPa 时标准海水电导率的比值；R_{p} 为现场测得的电导率与同一样品在相同温度和 p=0kPa 条件下电导率的比值；r_T 为实用盐度为 35.0psu 的参考海水在温度为 T(单位为℃)时与其在 15℃时电导率的比值。

R_{p} 可通过式(B.4)计算：

$$
R_{\mathrm{p}} = 1 + \frac{\left(A_1 + A_2 p + A_3 p^2 \right) p}{1 + B_1 T + B_2 T^2 + \left(B_3 + B_4 T \right) R} \tag{B.4}
$$

式中，p 为现场测得的压强，kPa；T 为现场测得的海水温度，℃；R 为现场测得的电导率与 s=35.0psu、T=15℃、p=0kPa 的标准海水电导率的比值；A_1= 2.070×10^{-6}；A_2= $-6370×10^{12}$；A_3=$-3989×10^{-18}$；B_1=3.426×10^{-2}；B_2=4464×10^{-4}；B_3=4215×10^{-1}；B_4=$-3.107×10^{-3}$。

r_T 的计算见式(B.5)：

$$
r_T = C_0 + C_1 T + C_2 T^2 + C_3 T^3 + C_4 T^4 \tag{B.5}
$$

式中，T 为现场测得的海水温度，℃；$C_0 = 0.6766097$；$C_1 = 2.00564 \times 10^{-2}$；$C_2 = 1.104259 \times 10^{-4}$；$C_3 = -6.9698 \times 10^{-7}$；$C_4 = 1.0031 \times 10^{-9}$。

上述式(B.2)、式(B.3)和式(B.5)，在温度为-2～35℃、压强为 0～10kPa，实用盐度为 2.0～42.0psu 范围内均有效。

第9部分 浓海水入海数值模拟预测结果复验

1 范　围

本部分规定了海水淡化工程浓海水入海数值模拟预测结果复验的原则、内容、方法及成果等。

本部分适用于海水淡化工程浓海水入海数值模拟预测结果的复验。

地下卤水开采等产生的高盐度水体入海数值模拟预测结果复验可参照执行。

2 规范性引用文件

以下为本部分规范引用的文件。

GB/T 50102—2014　工业循环水冷却水设计规范

GB/T 19485—2014　海洋工程环境影响评价技术导则

GB/T 42361—2023　海域使用论证技术导则

HJ 1037—2019　核动力厂取排水环境影响评价指南(试行)

JTS/T 231—2021　水运工程模拟试验技术规范

DL/T 5084—2021　电力工程水文技术规程

NB/T 20106—2012　核电厂冷却水模拟技术规程

SL 160—2012　冷却水工程水力、热力模拟技术规程

SL/T 278—2020　水利水电工程水文计算规范

3 术语和定义

3.1 数值模拟(numerical simulation)

通过数值计算求解研究对象控制方程,模拟其自然物理过程的方法。

3.2 复验(verification of numerical simulation results)

对浓海水入海数值模拟预测结果进行的复核和检验。

3.3　复算（recalculation）

根据浓海水入海数值模拟预测报告编制单位提供的模型计算文件进行重算，并将重算结果与报告提供的结果对比。

3.4　核算（self-calculation）

复验单位根据浓海水入海数值模拟预测报告提供的基础数据资料，模拟预测浓海水入海扩散和盐升，并将核算结果与报告提供的结果对比。

4　一　般　规　定

4.1　目的

对海水淡化工程浓海水入海数值模拟预测进行复核和检验，评价预测所得浓海水影响范围、盐升程度、面积及其变化等结果的科学性、合理性、准确性，主要内容如下。

1. 模型构建

包括浓海水入海数值预测模型的基本方程、关键参数取值、网格设置和初始场设置等的科学性和合理性。

2. 模型验证

包括模型验证的要素、方法、时长、精度等的合理性和准确性。

3. 计算工况和成果分析

包括计算工况设置、背景场选取、模拟预测结果等的科学性和合理性。

4.2　原则与方法

4.2.1　复验原则

1. 规范性原则

应根据复验目的和内容，按照海水淡化工程浓海水入海监测预测技术规范的要求，选用正确的方法和流程进行复验。复验前应制订复验工作方案，明确复验工作方法、流程和计算标准。

2. 客观性原则

复验工作应以编制单位提供的工程设计、基础资料、数模计算文件和专题报告等为依据，充分考虑浓海水排放海域的水文动力、开发利用、生态环境保护和浓海水入海数模预测技术实际。

3. 独立性原则

复验机构应与该项目专题承担单位、建设单位、设计单位等无利益相关关系，复验工作应独立进行，严格按照海水淡化工程浓海水入海监测预测技术规范要求独立做出复验结论。

4.2.2　复验方法

1. 文献查阅

通过文献查阅，全面了解工程所在海域及岸段的气象气候、水文动力、生态环境等特点和相关研究成果。

2. 规范对比

将浓海水入海数值模拟预测专题报告和相关规范要求进行对比分析，评判预测工作及专题报告的规范性和完整性。

3. 参数复核

对报告提供的底摩阻系数、扩散系数、涡黏系数等模型关键参数的取值合理性进行核算分析。

4. 模型复算

按照报告提供的数模计算文件、基础数据等进行复算，并将复算结果与报告提供的结果进行对比分析。

5. 模型核算

根据本书第 3 篇第 6 部分，利用报告提供的基础数据，重新设定计算区域、网格尺寸、开边界条件和关键参数等进行模拟计算，并将核算结果与复算结果、报告中提出的结果进行对比分析。出现以下情况时，应进行核算。

(1) 复算结果与报告结果差异较大。

(2) 采用自编模型模拟计算。

(3) 关键参数设置明显不合理。

(4) 预测工作及专题报告不完整。

6. 专家咨询

针对复验中的问题，必要时咨询行业领域内的专家，综合分析不同专家的意见，形成可靠性复验结论。

4.2.3　复验流程

复验工作应按照文献查阅、规范对比、参数复核、模型复算、模型核算、专家咨询的顺序依次进行，技术流程如图 9-1 所示。

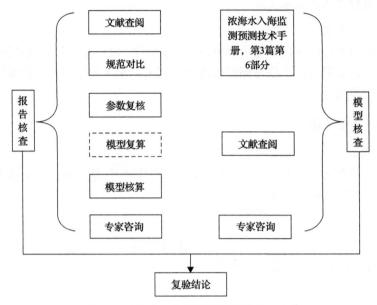

图 9-1　浓海水入海数值模拟结果复验流程

4.3　质量控制

按本书第 1 篇第 1 部分的要求执行。

4.4　工作成果

按本书第 1 篇第 1 部分的要求执行。

4.5　资料和成果归档

按本书第 1 篇第 1 部分的要求执行。

5　报告规范性

5.1　结构规范

浓海水入海数值模拟预测报告应包含本书第 3 篇第 6 部分规定的章节及内容。

5.2　图表规范

浓海水入海数值模拟预测报告所附图表应齐全规范，具体按照本书第 1 篇第 1 部分规定执行。

5.3　数据规范

浓海水入海数值模拟预测报告引用的地形、水文、气象等资料数据齐全有效，符合本书第 1 篇第 1 部分的要求。

6　模型构建合理性

根据本书第 3 篇第 6 部分相关规定，对模型基本方程、模型范围、网格、取排水口、地形、开边界条件、驱动条件、关键参数和初始场设置等进行复验。复验时应重点关注以下内容。

(1) 浓海水入海数值模拟预测专题报告中的模型设置条件与模型计算文件的一致性。

(2) 模型基本方程、模型范围、网格、取排水口、地形、开边界条件、驱动条件、关键参数和初始场等的设置依据。

(3) 模型范围与预测全潮最大 0.5psu 盐升包络线、海洋生态敏感区的关系。

(4) 计算模型选用的依据，包括计算模型及模块的比选、新建与扩建工程计算模型的一致性、邻近海水淡化工程浓海水入海计算模型的一致性。

(5) 关键参数取值选用定常值的依据、计算方法和计算资料。如果存在关键参数等效替换，应说明其合理性。

(6) 模型冷热启动方式及其计算时长、模型稳定时间和结果分析取值时段。

(7) 盐升场计算方法，包括背景盐度提取方法、背景盐度场梯度设置及其代表性。

7　模型验证准确性

根据本书第 3 篇第 6 部分相关规定，对潮位、流速、盐度(或盐升)等的验证流程、验证数据、验证精度进行复验。复验时应重点关注以下内容。

(1) 数模结果是否开展了盐度(或盐升)验证。

(2)用于验证的实测资料站位数量、分布和观测时间是否符合要求。

(3)用于验证的预测数据的取值时段与实测资料站位数量、分布和观测时间是否一致。

(4)验证精度及其统计计算方法是否符合要求。

(5)当验证精度不满足要求时,是否给出合理的原因分析。

8 计算结果科学性

8.1 计算工况

根据本书第 3 篇第 6 部分相关规定,对计算工况设置进行复验。复验时应重点关注以下内容。

(1)工况设置是否考虑了工程后地形冲淤平衡和不利风况等极端气象条件的影响。

(2)工况设置是否考虑了邻近海水淡化工程浓海水入海扩散叠加效应和热回归效应。

(3)工况设置所选典型潮是否具有代表性。

(4)工况设置时是否考虑了邻近海域已确权工程。

8.2 成果分析

根据本书第 1 篇第 2 部分和第 3 篇第 6 部分相关规定,对背景盐度提取、专题图件绘制、面积统计、结果分析进行复验。复验时应重点关注以下内容。

(1)背景盐度场的代表性和准确性。

(2)不同工况计算结果之间的差异性。

(3)盐升等值线、包络线绘制和面积统计的准确性。

(4)盐升时空变化的影响因素与机理分析。

9 复 验 要 求

9.1 复算

根据浓海水入海数值模拟预测报告编制单位提供的模型计算文件进行重算,并将重算结果与报告提供的结果对比。主要要求如下。

(1)应按照报告编制单位提供的模型计算文件进行复算。

(2)对比分析专题报告模型构建内容和模型计算文件的一致性。

(3)根据复算结果进行计算和面积统计,对比分析其与专题报告提供的数据的一致性,并给出复验结果和报告结果的误差。

(4)报告编制单位无法提供自编模型计算文件时,应由编制单位自行复算并提供复算报告,复算报告应包含本节(1)和(2)内容。

(5)报告编制单位提供的模型计算文件无法运行时,应重新提供模型计算文件。

9.2　核算

根据浓海水入海数值模拟预测报告提供的基础数据资料,调整优化模型构建和工况设置,重新模拟预测浓海水入海扩散和盐升,并将核算结果与报告提供的结果对比。主要要求如下。

(1)根据模型构建合理性、模型验证准确性和计算结果科学性复验情况,合理调整优化模型构建条件、优化或增加工况设置并重新模拟计算。

(2)核算时应选用成熟的、常用的计算模型及模块,具体应按照本书第 3 篇第 6 部分相关规定执行。

(3)应选择确权亟须的保守工况优先核算,结果计算与统计时应优先选择 1.0psu、2.0psu、3.0psu、4.0psu 及以上盐升等值线、包络线范围及面积。

(4)核算结束后应分析核算结果与专题报告结果差异性及其原因。

10　复 验 结 论

复验完成后应给出明确具体的复验结论,符合以下要求时复验通过。

(1)专题报告编写规范、模型构建合理、模型验证准确、计算结果科学。

(2)3.0psu、4.0psu 盐升面积复算结果与专题报告结果误差在±5%以内。

(3)3.0psu、4.0psu 盐升面积核算结果与专题报告结果误差在±15%以内。

本部分附录　海水淡化工程浓海水入海数值模拟预测结果复验专题报告大纲

1　前言

　　1.1　任务由来

　　1.2　复验原则

参 考 文 献

[1] 自然资源部海洋战略规划与经济司. 2022 年全国海水利用报告[R]. 北京, 2023.

[2] 肖功槐, 杨怀武, 赵永伟. 海水淡化工艺及关键泵技术发展综述[J]. 化工装备技术, 2014, 35 (2): 59-65.

[3] 闫佳伟, 王红瑞, 朱中凡, 等. 我国海水淡化若干问题及对策[J]. 南水北调与水利科技, 2020, 18 (2): 199-210.

[4] 张雨山. 海水淡化技术产业现状与发展趋势[J]. 工业水处理, 2021, 41 (9): 26-30.

[5] 刘承芳, 李梅, 王永强, 等. 海水淡化技术的进展及应用[J]. 城镇供水, 2019, (2): 54-58, 62.

[6] 王锐浩, 黄鹏飞, 王生辉. 我国大型海水淡化工程建设运营现状及制约因素分析[J]. 盐科学与化工, 2019, 48 (11): 1-5.

[7] 余瑞霞, 王越, 王世昌. 海水淡化浓盐水排放与处理技术研究概况[J]. 水处理技术, 2005, (6): 1-3, 11.

[8] 曹莉. 海水淡化的浓盐水处理新方法[J]. 中国科技产业, 2022, (4): 31.

[9] 自然资源部海洋战略规划与经济司. 2021 年全国海水利用报告[R]. 北京, 2022.

[10] 田清, 王庆, 战超, 等. 最近 60 年来气候变化和人类活动对山地河流入海径流、泥沙的影响——以胶东半岛南部五龙河为例[J]. 海洋与湖沼, 2012, 43 (5): 891-899.

[11] 战超, 王庆, 夏艳玲, 等. 胶东半岛南部典型海湾地貌过程对滩涂养殖的响应[J]. 海洋与湖沼, 2013, 44 (2): 283-291.

[12] 李涛, 王庆, 孙岳. 滨海核电温排水监测预测技术手册[M]. 北京: 科学出版社, 2023.

[13] Binding C E, Bowers D G. Measuring the salinity of the Clyde Sea from remotely sensed ocean colour[J]. Estuarine, Coastal and Shelf Science, 2003, 57: 605-611.

[14] 范臣臣. 典型河口区无机氮污染溯源及改善研究[D]. 郑州: 华北水利水电大学, 2022

[15] 范超, 温子川, 霍忠明, 等. 盐度胁迫对不同发育时期菲律宾蛤仔生长和存活的影响[J]. 大连海洋大学学报, 2016, 31 (5): 497-504.

[16] 王晓萌. 排海浓盐水对胶州湾典型浮游植物影响及环境容量研究[D]. 青岛: 中国海洋大学, 2009

[17] 阮国岭. 海水淡化缓解水资源紧缺[J]. 建设科技, 2004, (Z1): 74, 75.

[18] Paparella F, D'Agostino D, Burt J A. Long-term, basin-scale salinity impacts from desalination in the Arabian/Persian Gulf[J]. Scientific Reports, 2022, 12 (1): 20549.

[19] 朱明, 阎斌伦, 张学成, 等. 海链藻 (*Thalassiosira* sp.) 对氮磷需求量的研究[J]. 淮海工学院学报 (自然科学版), 2003, (4): 44-46.

[20] Williams J, Hindell J S, Swearer S E, et al. Influence of freshwater flows on the distribution of eggs and larvae of black bream *Acanthopagrus butcheri* within a drought-affected estuary[J]. Journal of Fish Biology, 2012, 80: 2281-2301.

[21] Voutchkov N. Salinity tolerance evaluation methodology for desalination plant discharge[J]. Desalination and Water Treatment, 2009, 1: 68-74.

[22] Montague C L, Ley J A. A possible effect of salinity fluctuation on abundance of benthic vegetation and associated fauna in Northeastern Florida Bay[J]. 1993, 16: 703-717.

[23] Touchette B W. Seagrass-salinity interactions: Physiological mechanisms used by submersed marine angiosperms for a life at sea[J]. Journal of Experimental Marine Biology and Ecology, 2007, 350: 194-215.

[24] 王冲, 姜令绪, 王仁杰, 等. 盐度骤变和渐变对三疣梭子蟹幼蟹发育和摄食的影响[J]. 水产科学, 2010, 29 (9): 510-514.

[25] Константцнов А С, 戴桂珍. 盐度波动对幼鱼生长的影响[J]. 水利渔业, 1993, (4): 53-55.

[26] 丁森, 王芳, 郭彪, 等. 盐度波动频率对中国明对虾稚虾蜕皮、生长和能量收支的影响[J]. 中国海洋大学学报 (自然科学版), 2008, (4): 579-584.

[27] Ogunbiyi O, Saththasivam J, Al-Masri D, et al. Sustainable brine management from the perspectives of water, energy and mineral recovery: A comprehensive review[J]. Desalination, 2021, 513: 115055.

[28] Colbert D, McManus J. Nutrient biogeochemistry in an upwelling-influenced estuary of the Pacific Northwest (Tillamook Bay, Oregon, USA)[J]. Estuaries, 2003, 26: 1205-1219.

[29] Ding X K, Guo X Y, Gao H W, et al. Seasonal variations of nutrient concentrations and their ratios in the central Bohai Sea[J]. Science of the Total Environment, 2021, 799: 149416.

[30] Molinos-Senante M, Hernández-Sancho F, Mocholí-Arce M, et al. Economic and environmental performance of wastewater treatment plants: Potential reductions in greenhouse gases emissions[J]. Resource and Energy Economics, 2014, 38: 125-140.

[31] Anzecc A. Australian and New Zealand guidelines for fresh and marine water quality[J]. Australian and New Zealand Environment and Conservation Council and Agriculture and Resource Management Council of Australia and New Zealand, Canberra, 2000, 1: 1-314.

[32] Environment Protection Authority. Policy impact assessment: State environment protection policy (waters of victoria)[J]. Victorian Government Gazette: No S, 2003, 107.

[33] Ministry of Regional Municipalities, Ministerial Decision no: 159/2005 Promulgating thr Bylaws to Discharge Liquid Waste in the Marine Environment[R]. S. o. O. Ministry of Regional Municipalities Environment and Water Resources, 2005.

[34] Jenkins S, Paduan J, Roberts P, et al. Management of brine discharges to coastal waters recommendations of a science advisory panel[R]. Mesa: Southern California Coastal Water Research Project Costa, 2012.

[35] 战超, 刘传康, 石洪源, 等. 河口湾海水淡化工程浓海水入海扩散与生态环境影响预测——以山东半岛丁字湾为例[J]. 海洋通报, 2024, (5): 1-15.

[36] 陈敏. 莱州湾南岸咸水入侵影响区土地利用变化及其生态效应研究[D]. 济南: 山东师范大学, 2009.

[37] 王保栋, 单宝田, 战闰, 等. 黄、渤海无机氮的收支模式初探[J]. 海洋科学, 2002, (2): 33-36.

[38] 赵晨英, 臧家业, 刘军, 等. 黄渤海氮磷营养盐的分布、收支与生态环境效应[J]. 中国环境科学, 2016, 36(7): 2115-2127.

[39] 史凯文. 南方典型近岸海域无机氮与金属来源分析与评价[D]. 厦门: 厦门大学, 2020.

[40] Zhang J Y, Peng C H, Xue W, et al. Dynamics of soil water extractable organic carbon and inorganic nitrogen and their environmental controls in mountain forest and meadow ecosystems in China[J]. Catena, 2020, 187: 104338.

[41] Berthelsen A, Atalah J, Clark D, et al. Relationships between biotic indices, multiple stressors and natural variability in New Zealand estuaries[J]. Ecological Indicators, 2018, 85: 634-643.

[42] Ding C L, Wu C, Li L Y, et al. Comparison of diazotrophic composition and distribution in the south China Sea and the Western Pacific Ocean[J]. Biology, 2021, 10(6): 555.

[43] 晋春虹, 李兆冉, 盛彦清. 环渤海河流 COD 入海通量及其对渤海海域 COD 总量的贡献[J]. 中国环境科学, 2016, 36(6): 1835-1842.

[44] 谭璐章, 赵羽, 孙亚伟, 等. 浅析长江口及其附近海域 COD 与 TOC 来源和相关性[J]. 化学试剂, 2016, 38(8): 759-762.

[45] 姜尚, 张平, 欧阳玉蓉, 等. 污水排放影响下平潭近岸海水 COD 和 DIN 浓度场的数值模拟[J]. 应用海洋学学报, 2014, 33(1): 118-124.

[46] 袁蕾, 郑露, 刘浩, 等. 不同时期稻田土壤中稻瘟菌检测[C]//中国植物病理学会2015年学术年会论文集. 北京: 中国农业出版社, 2015: 578.

[47] 郭超, 何青. 黏性泥沙絮凝研究综述与展望[J]. 泥沙研究, 2021, 46(2): 66-73.

[48] 吴荣荣, 李九发, 刘启贞, 等. 钱塘江河口细颗粒泥沙絮凝沉降特性研究[J]. 海洋湖沼通报, 2007, (3): 29-34.

[49] 蒋国俊, 姚炎明, 唐子文. 长江口细颗粒泥沙絮凝沉降影响因素分析[J]. 海洋学报, 2002, (4): 51-57.

[50] Wan Y, Xu L L, Hu J, et al. The role of environmental and spatial processes in structuring stream macroinvertebrates communities in a large river basin[J]. Clean-Soil, Air, Water, 2014, 43: 1633-1639.

[51] 王伟宏. 黄河口地区海水盐度场对泥沙固结过程影响研究[D]. 青岛: 中国海洋大学, 2015.

[52] 单红仙, 王伟宏, 刘晓磊, 等. 海水盐度对沉降泥沙固结过程影响研究[J]. 海洋工程, 2015, 33(2): 50-57, 76.

[53] 黄睿. 盐度和悬沙层化与水体紊动相互作用的实验研究[D]. 天津: 天津大学, 2020.

[54] 朱达. 盐度对有机物在海底沉积物上吸附行为的影响[J]. 环境保护, 1995, (4): 34-37.

[55] 王贺, 路敏, 李苓, 等. 中国东海陆架海域柱状沉积物对磷的吸附行为[J]. 海洋湖沼通报, 2019, (4): 72-80.

[56] 代馨楠, 贾永刚, 唐美芸, 等. 盐度变化对河口区沉积物工程性质影响[J]. 科学技术与工程, 2019, 19(31): 292-297.

[57] 黄永春, 郑建辉, 周泽斌. 盐度对鮸状黄姑鱼(Nibea miichthioides)胚胎发育和仔鱼成活的影响[J]. 福建水产, 1997, (1): 34-37.

[58] Gomes E, Antunes I M H R, Leitão B. Groundwater management: Effectiveness of mitigation measures in nitrate vulnerable zones-A Portuguese case study[J]. Groundwater for Sustainable Development, 2023, 21: 100899.

[59] Fiol D F, Kültz D. Osmotic stress sensing and signaling in fishes[J]. The Febs Journal, 2007, 274: 5790-5798.

[60] 王艳, 胡先成, 罗颖. 盐度对鲈鱼稚鱼的生长及脂肪酸组成的影响[J]. 重庆师范大学学报(自然科学版), 2007, (2): 62-66.

[61] Kelaher B, Clark G F, Johnston E, et al. Effect of desalination discharge on the abundance and diversity of reef fishes[J]. Environmental Science & Technology, 2019, 54: 735-744.

[62] 徐海龙, 刘海映, 林月娇. 温度和盐度对口虾蛄呼吸的影响[J]. 水产科学, 2008, (9): 443-446.

[63] 张年国, 周裕华, 于飞, 等. 低盐和高盐条件下不同脊尾白虾群体生长特性研究[J]. 广东农业科学, 2022, 49(10): 135-145.

[64] 胡则辉, 徐君卓, 石建高. 浙江沿海三疣梭子蟹的养殖模式[J]. 现代渔业信息, 2011, 26(3): 3-5.

[65] 王斌, 孙鹏, 叶振江, 等. 山东近海枪乌贼类资源丰度的时空变动及其与环境因子的关系[J]. 中国海洋大学学报(自然科学版), 2020, 50(6): 50-60.

[66] 魏利平, 马明正, 唐芳, 等. 大沽全海笋生物学习性及人工育苗技术[J]. 水产学报, 1997, (3): 296-302.

[67] 杨建威. 青岛文昌鱼自然保护区生物资源与文昌鱼资源调查研究[D]. 青岛: 中国海洋大学, 2008.

[68] 吴贤汉, 张宝禄, 曲艳梅. 温度和盐度对青岛文昌鱼胚胎发育的影响[J]. 海洋科学, 1998, (4): 66-68.

[69] 卢婉娴, 梁小云. 万山水域温盐分析——海湾扇贝养殖环境可行性研究[J]. 台湾海峡, 1996, (1): 1-5.

[70] 樊甄姣, 吕振明, 吴常文, 等. 温度、盐度和pH值对疣荔枝螺耗氧率的影响[J]. 河北渔业, 2009, (2): 5, 6, 23.

[71] 于晓明, 马甡, 高天翔. 绒螯近方蟹的生物学初步研究[J]. 中国海洋大学学报(自然科学版), 2005, (4): 575-578.

[72] 姚托, 王昭萍, 闫喜武, 等. 盐度对长牡蛎和近江牡蛎及其杂交稚贝生长和存活的影响[J]. 生态学报, 2015, 35(5): 1581-1586.

[73] 陈冲, 王志松, 随锡林. 盐度对文蛤孵化及幼体存活和生长的影响[J]. 海洋科学, 1999, (3): 16-18.

[74] 王学勃, 徐显功, 高升方, 等. 高盐度生态健康养殖南美白对虾[J]. 齐鲁渔业, 2010, 27(9): 45, 46.

[75] 颜培坚. 南美白对虾养殖技术要点[J]. 农技服务, 2021, 38(1): 116-117.

[76] 路允良, 王芳, 赵卓英, 等. 盐度对三疣梭子蟹生长、蜕壳及能量利用的影响[J]. 中国水产科学, 2012, 19(2): 237-245.

[77] 何瑞鹏. 盐度骤变对幼参生长、能量收支及呼吸代谢的影响[D]. 青岛: 中国海洋大学, 2014.

[78] 李洪山, 申玉香. 沿海滩涂盐生植物生境土壤酶活性的差异[J]. 浙江农业科学, 2018, 59(3): 397-399.

[79] 徐强, 牛淑娜, 张沛东, 等. 大叶藻实生幼苗的盐度适宜性[J]. 生态学杂志, 2015, 34(11): 3146-3150.

[80] 袁荣荣, 何文辉, 宋海燕, 等. 环境因子对羽毛藻生长的初步研究[C]//2015 年中国环境科学学会学术年会, 深圳, 2015.

[81] 范德朋, 潘鲁青, 马甡, 等. 盐度和 pH 对缢蛏耗氧率及排氨率的影响[J]. 中国水产科学, 2002, (3): 234-238.

[82] 孟晨媛, 高海鑫, 王淑英. 盐度对沙蚕耗氧率的影响[J]. 养殖与饲料, 2021, 20(11): 74-76.

[83] 齐延民, 刘昕, 王立明, 等. 海水淡化浓盐水排海的环境影响与对策[J]. 工业水处理, 2023, 43(4): 22-27, 44.

[84] 李易. 浓盐水对锦州湾海域的影响预测[J]. 气象与环境学报, 2006, (2): 30-33.

[85] 胥建美, 谢春刚, 苏慧超, 等. 海水淡化浓盐水排放对海洋环境影响及管理政策研究[J]. 环境科学与管理, 2021, 46(2): 5-8.

[86] 刘淑静, 张拂坤, 王静, 等. 国外海水淡化环境政策研究及对我国的启示[J]. 中国人口·资源与环境, 2013, 23(S2): 179-181.

[87] 冯士筰, 李凤岐, 李少菁. 海洋科学导论[M]. 北京: 高等教育出版社, 1999.

[88] 黄铎, 陈兰平, 王凤. 数值分析[M]. 北京: 科学出版社, 2000.

[89] 赵英时. 遥感应用分析原理与方法[M]. 北京: 科学出版社, 2003.

[90] 梁顺林, 李小文, 王锦地. 定量遥感:理念与算法[M]. 北京: 科学出版社, 2013.

[91] 徐希孺. 遥感物理[J]. 物理, 1987, (1): 45-50.

[92] 安成锦, 牛照东, 李志军, 等. 典型 Otsu 算法阈值比较及其 SAR 图像水域分割性能分析[J]. 电子与信息学报, 2010, 32(9): 2215-2219.

[93] 陆立明, 王润生, 李武皋. 基于合成孔径雷达回波数据的海岸线提取方法[J]. 软件学报, 2004, (4): 531-536.

[94] 李智, 曲长文, 周强, 等. 基于 SLIC 超像素分割的 SAR 图像海陆分割算法[J]. 雷达科学与技术, 2017, 15(4): 354-358.

[95] Ahn Y H, Shanmugam P, Moon J E, et al. Satellite remote sensing of a low-salinity water plume in the East China Sea[J]. Annales Geophysicae, 2008, 26: 2019-2035.

[96] Klemas V V. Remote sensing of sea surface salinity: An overview with case studies[J]. Journal of Coastal Research, 2011, 27(5): 830-838.

[97] Dinnat E P, Vine D M L, Boutin J, et al. Remote sensing of sea surface salinity: Comparison of satellite and in situ observations and impact of retrieval parameters[J]. Remote Sensing, 2019, 11(7): 750.

[98] 陈之薇, 李青侠, 李炎. SMOS 与 Aquarius 卫星海表盐度测量方法及数据的对比分析[J]. 上海航天, 2018, 35(2): 37-48.

[99] 程translation滨, 苏金龙, 杨正午, 等. 低风速海面毫米波辐射亮温半经验模型[J]. 微波学报, 2022, 38(1): 25-29.

[100] 雷震东, 曾原, 林士杰, 等. 航空微波遥感海水盐度的研究[J]. 宇航学报, 1992, (2): 62-67.

[101] 施建成, 杜阳, 杜今阳, 等. 微波遥感地表参数反演进展[J]. 中国科学:地球科学, 2012, 42(6): 814-842.

[102] Blume H J C, Kendall B M, Fedors J C, et al. Measurement of ocean temperature and salinity via microwave radiometry[J]. Boundary-layer Meteorology, 1978, 13(1-4): 295-308.

[103] Klein L, Swift C. An improved model for the dielectric constant of sea water at microwave frequencies[J]. IEEE Transactions on Antennas & Propagation, 2003, 25(1): 104-111.

[104] Haario H, Laine M, Mira A, et al. DRAM: Efficient adaptive MCMC[J]. Statistics and Computing, 2006, 16:

339-354.

[105] Braak C J F T. A Markov Chain Monte Carlo version of the genetic algorithm Differential Evolution: Easy Bayesian computing for real parameter spaces[J]. Statics and Computing, 2006, 16: 239-249.

[106] 周博天. 海面盐度多源遥感协同反演方法研究[D]. 北京: 中国地质大学(北京), 2013.

[107] 王林, 赵冬至, 杨建洪, 等. 大洋河河口海域有色溶解性有机物的光学特性及遥感反演模型[J]. 海洋学报, 2011, 33(1): 45-51.

[108] 高许岗, 雍延梅. 无人机载微型 SAR 系统设计与实现[J]. 雷达科学与技术, 2014, 12(1): 35-38.

[109] 刘燕, 张力, 王庆栋, 等. 国产高分辨率卫星影像云检测[J]. 遥感信息, 2022, 37(1): 134-142.

[110] 亓雪勇, 田庆久. 光学遥感大气校正研究进展[J]. 国土资源遥感, 2005, (4): 1-6.

[111] 韩亮, 戴晓爱, 邵怀勇, 等. 基于实地大气模式改进的大气透射率反演方法[J]. 国土资源遥感, 2016, 28(4): 88-92.

[112] Le Vine D M, Lagerloef G S E, Torrusio S E. Aquarius and remote sensing of sea surface salinity from space[J]. Proceedings of the IEEE, 2010, 98: 688-703.

[113] Qing S, Zhang J, Cui T W, et al. Retrieval of sea surface salinity with MERIS and MODIS data in the Bohai Sea[J]. Remote Sensing of Environment, 2013, 136: 117-125.

[114] Yu X, Xiao B, Liu X Y, et al. Retrieval of remotely sensed sea surface salinity using MODIS data in the Chinese Bohai Sea[J]. International Journal of Remote Sensing, 2017, 38: 7357-7373.

[115] Urquhart E A, Zaitchik B F, Hoffman M J, et al. Remotely sensed estimates of surface salinity in the Chesapeake Bay: A statistical approach[J]. Remote Sensing of Environment, 2012, 123: 522-531.

[116] Zhang X Y, Wu M F, Han W C, et al. Sea surface salinity inversion model for Changjiang estuary and adjoining sea area with SMAP and MODIS data based on machine learning and preliminary application[J]. Remote Sensing, 2022, 14(21): 5358.

[117] 李秋菊. 无人机载微小型 SAR 发展概述[J]. 数字技术与应用, 2019, 37(6): 197-199, 202.

[118] 王博. 基于无人机红外影像几何校正及拼接技术研究[D]. 大连: 大连理工大学, 2020.

[119] 闫长位, 贾智乐, 许强. 遥感影像不同校正模型对反射率的影响分析[J]. 地理空间信息, 2021, 19(10): 80-82, 150.

[120] 马瑞金, 张继贤, 洪钢. 用于影像几何纠正的图形图像控制点[J]. 测绘科技动态, 1999, (2): 22-25.

[121] 周启航. 低空无人机光谱影像大气校正与辐射定标关键技术研究[D]. 武汉: 武汉大学, 2021.

[122] 王岩飞, 刘畅, 詹学丽, 等. 无人机载合成孔径雷达系统技术与应用[J]. 雷达学报, 2016, 5(4): 333-349.

[123] 盛裴轩. 大气物理学[M]. 北京: 北京大学出版社, 2013.

[124] 刘健文. 天气分析预报物理量计算基础[M]. 北京: 气象出版社, 2005.

[125] 周淑贞. 气象学与气候学[M]. 北京: 高等教育出版社, 1997.

[126] 纪超. 波流耦合作用下三维泥沙输运和岸滩演变的数值模拟[D]. 天津: 天津大学, 2019.

[127] 王彦, 李瑞杰, 李玉婷, 等. 床面总阻力系数的研究及应用[J]. 港工技术, 2019, 56(2): 12-16.

[128] 孙健, 李伟, 王红莉, 等. 海水淡化厂外排浓盐水输移扩散数值模拟预测[J]. 中国给水排水, 2010, 26(3): 53-56.

[129] 郭俊克, 惠遇甲. 关于沙垄上水流分离长度的研究[J]. 水利水运科学研究, 1988, (3): 79-85.

[130] Ogunbiyi O, Saththasivam J, Al-Masri D, et al. Sustainable brine management from the perspectives of water, energy and mineral recovery: A comprehensive review[J]. Desalination, 2021, 513: 115055.

[131] Zhang X R, Shi H Y, Zhan C, et al. Numerical simulation calculation of thermal discharge water diffusion in coastal nuclear power plants[J]. Atmosphere, 2023, 14(9): 1371.